Technikphilosophie zur Einführung

Alfred Nordmann

Technikphilosophie zur Einführung

JUNIUS

Junius Verlag GmbH
Stresemannstraße 375
22761 Hamburg
Im Internet: www.junius-verlag.de

Umschlaggestaltung: Florian Zietz
Titelbild: Man Ray, L'impossible (1920)
Satz: Junius Verlag GmbH
Printed in the EU 2024
ISBN 978-3-88506-724-5
3., unveränderte Auflage 2024

Die Deutsche Nationalbibliothek – CIP-Einheitsaufnahme

Bibliografische Information der Deutschen Nationalbibliothek
Die Deutsche Nationalbibliothek verzeichnet diese Publikation in der Deutschen Nationalbibliografie; detaillierte bibliografische Daten sind im Internet über http://dnb.dnb.de abrufbar

Zur Einführung ...

... hat diese Taschenbuchreihe seit ihrer Gründung 1978 gedient. Zunächst als sozialistische Initiative gestartet, die philosophisches Wissen allgemein zugänglich machen und so den Marsch durch die Institutionen theoretisch ausrüsten sollte, wurden die Bände in den achtziger Jahren zu einem verlässlichen Leitfaden durch das Labyrinth der neuen Unübersichtlichkeit. Mit der Kombination von Wissensvermittlung und kritischer Analyse haben die Junius-Bände stilbildend gewirkt.

Von Zeit zu Zeit müssen im ausufernden Gebiet der Wissenschaften neue Wegweiser aufgestellt werden. Teile der Geisteswissenschaften haben sich als Kulturwissenschaften reformiert und neue Fächer und Schwerpunkte wie Medienwissenschaften, Wissenschaftsgeschichte oder Bildwissenschaften hervorgebracht; auch im Verhältnis zu den Naturwissenschaften sind die traditionellen Kernfächer der Geistes- und Sozialwissenschaften neuen Herausforderungen ausgesetzt. Diese Veränderungen sind nicht bloß Rochaden auf dem Schachbrett der akademischen Disziplinen. Sie tragen vielmehr grundlegenden Transformationen in der Genealogie, Anordnung und Geltung des Wissens Rechnung. Angesichts dieser Prozesse besteht die Aufgabe der Einführungsreihe darin, regelmäßig, kompetent und anschaulich Inventur zu halten.

Zur Einführung ist für Leute geschrieben, denen daran gelegen ist, sich über bekannte und manchmal weniger bekannte Autor(inn)en und Themen zu orientieren. Sie wollen klassische

Fragen in neuem Licht und neue Forschungsfelder in gültiger Form dargestellt sehen.

Zur Einführung ist von Leuten geschrieben, die nicht nur einen souveränen Überblick geben, sondern ihren eigenen Standpunkt markieren. Vermittlung heißt nicht Verwässerung, Repräsentativität nicht Vollständigkeit. Die Autorinnen und Autoren der Reihe haben eine eigene Perspektive auf ihren Gegenstand, und ihre Handschrift ist in den einzelnen Bänden deutlich erkennbar.

Zur Einführung ist in verstärktem Maß ein Ort für Themen, die unter dem weiten Mantel der Kulturwissenschaften Platz haben und exemplarisch zeigen, was das Denken heute jenseits der Naturwissenschaften zu leisten vermag.

Zur Einführung bleibt seinem ursprünglichen Konzept treu, indem es die Zirkulation von Ideen, Erkenntnissen und Wissen befördert.

Michael Hagner
Dieter Thomä
Cornelia Vismann

Inhalt

Technikgeschichten: Zur Einführung in diese Einführung

Technik als Reflexionsbegriff

Das Erstaunliche an der Technikphilosophie ist, dass es sie noch nicht sehr lange gibt. Während die Technik so alt ist wie die Menschheit selbst und die Philosophie immerhin auf eine fast dreitausendjährige Geschichte zurückblickt, taucht die »Technikphilosophie« unter diesem Namen erst 1877 auf (Kapp 1877). Sie entwickelte sich im 20. Jahrhundert in vielen Gestalten und führt immer noch ein Schattendasein neben prominenteren Disziplinen wie Erkenntnistheorie, Ethik oder Ästhetik. Dass es sich um ein philosophisches Fachgebiet ohne eigene Tradition handelt, macht eine Schwierigkeit dieser einführenden Darstellung aus. Einerseits führt das technikphilosophische Interesse zu Anfängen bei Aristoteles, Spuren bei Kant oder Hegel, Ansätzen bei Marx. Andererseits steht es mit leeren Händen da, wenn sich selbst in neueren philosophischen Wörterbüchern nichts (z.B. Ed wards 1967) oder nur ein relativ knapper Abriss (z.B. Ritter 2007) unter dem Stichwort »Technik« findet. Diese Traditionslosigkeit soll in diesem Buch nicht kompensiert werden, indem etwa eine Geschichte rekonstruiert wird, die chronologisch von Aristoteles in die Gegenwart führt. Auf Aristoteles, Bacon oder Descartes wird stattdesssen dann zurückgegriffen, wenn sie in den aktuellen Diskussionen einiger Kernfragen ins Spiel kommen.

Eine zweite Schwierigkeit unterstreicht die Reichweite und enorme Bedeutung der Technikphilosophie. Nicht nur handelt es sich bei ihr um ein Fachgebiet ohne Tradition, sie ist vor allem ein Fachgebiet ohne eigene Fragestellung. Im Grunde ist die Technikphilosophie die ganze Philosophie noch einmal von vorn – diesmal unter Einbeziehung der Technik. Sie stellt beispielsweise die Frage nach dem Wesen der Technik und stößt dabei auf den *homo faber*, den Menschen als herstellendes und hervorbringendes Wesen. Das ist philosophische Anthropologie im Blickwinkel der Technik. Die Technikphilosophie beschäftigt sich auch mit der von Menschen geschaffenen Welt und ihren technisch strukturierten Lebensformen. Das ist Naturphilosophie und die alte Frage nach dem Seienden in der zweiten Natur unserer technisierten Welt. Auch die Geschichtsphilosophie kehrt in der Technikphilosophie mit der Behauptung wieder, dass unsere Lebenswelt eine zunehmende Technisierung erfährt. Wenn nach technischer oder instrumenteller Rationalität gefragt wird, nach Funktion und Funktionieren, nach Konstruktionsprinzipien und Ingenieurswissen, haben wir es mit einer Erweiterung der Wissenschafts- und Erkenntnistheorie zu tun, die viel zu lange versucht haben, ohne Technikbezug auszukommen. Insofern unsere Beziehung zu Technik jenseits praktischer Nützlichkeitserwägungen mit Lust und Unlust verbunden ist, kommen Ästhetik und Philosophie der Künste ins Spiel, die von der Betrachtung technischer Kunstwerke nur profitieren können. Am wenigsten überrascht schließlich, dass innerhalb der Technikphilosophie auch Ethik und politische Philosophie unter dem Vorzeichen der Technik neue Fragen stellen. Dabei ist das Problem eines angemessenen Verhältnisses zur Technik und einer verantwortlichen Technikentwicklung mit den Fragen der philosophischen

Anthropologie, der Natur- und Geschichtsphilosophie, der Erkenntnistheorie und Ästhetik eng verknüpft. Sie kommen in den Auseinandersetzungen um die oft widerstreitenden Visionen für die technische Gestaltung unserer Welt zusammen. Die Anordnung der folgenden Kapitel entspricht dieser Aufzählung von Fragen nach dem Wesen der Technik, nach Technik als Lebensform, nach Technisierungsprozessen, nach technischer Rationalität und schließlich nach technischen Kunstwerken. Das Problem eines angemessenen Technikverhältnisses durchzieht das Buch und wird abschließend explizit zur Sprache gebracht.

Gernot Böhme stellt ebenfalls vier Paradigmen der Technikphilosophie vor – das anthropologische, ontologische, geschichtsphilosophische und epistemologische – und hat trotzdem den Eindruck, »dass es eigentlich noch gar keine richtige Technikphilosophie gibt« (Böhme 2008, 23-29). Dass die Technikphilosophie keine eigenen Fragen hat, soll hier vor allem unterstreichen, dass sie die alten Fragen neu und angemessener stellt. Dabei kommt nun aber eine weitere grundlegende Schwierigkeit ins Spiel. Der Technikphilosophie fehlen nämlich nicht nur die Tradition und die eigene Fragestellung, sondern sie hat auch keinen klar definierten Gegenstand. Obwohl das Wort »Technik« hier schon mehrfach gebraucht und vielleicht auch vage verstanden wurde, lässt sich gar nicht so leicht sagen, was mit diesem Wort gemeint ist. Wir sprechen von Elektrotechnik als einem Oberbegriff für technische Geräte, technische Systeme, technische Prozesse und technisches Wissen – wobei jedes einzelne Gerät, jedes System und jeder Prozess wieder als Technik bezeichnet werden kann. Aber wir sprechen auch von Kulturtechniken wie dem Schreiben und Lesen, von Kontroll- und Sozialtechniken, die für die Beherrschung großer Menschenmengen oder die Durchleuchtung des Kunden an der Kasse eingesetzt werden. Dass motivierte Mitarbeiter höhere Leistungen erbringen, verdankt sich gewissen Managementtechniken, und auch die Rituale eines Schamanen sind Techniken, um den sozialen Zusammenhang zu stärken oder den Regen herbeizuführen. Unser Sprachgebrauch kennt van Goghs Technik des Farbauftrags, die Technik eines Fußballspielers und die Überzeugungstechniken großer Redner. Das Handwerk und die industrielle Fertigung bedürfen der »Technik«, die aus der Wissenschaft hergeleitet oder ganz unberührt von ihr sein kann. Die chemische Synthese eines medizinischen Wirkstoffs, aber auch das Kochen einer Mahlzeit ist ein technischer Vorgang. Und immer wenn das Wort »Technik« gebraucht wird, sind einige, aber nicht alle dieser Bedeutungen im Spiel. Dementsprechend mag es scheinen, dass erst einmal die Begriffe geklärt werden müssen, ehe es mit der Technikphilosophie losgehen kann. Allerdings ist zu befürchten, dass so ein Ansatz in begrifflichem Vorgeplänkel steckenbleibt oder allzu willkürliche Festsetzungen und Einschränkungen vornimmt. Auch angesichts dieser dritten Schwierigkeit sollten wir erwarten, dass die Technikphilosophie über Begriffsklärungen hinausgeht, selbst wenn sie zunächst nach dem Wesen der Technik fragt.

An dieser Stelle kommt ein Vorschlag von Armin Grunwald und Yannick Julliard zu Hilfe. Sie reden von »Technik als Reflexionsbegriff« und bieten dafür eine Definition an, die auf den ersten Blick höchst unbefriedigend erscheint, aber auf den zweiten Blick das Definitionsproblem hinter sich lässt: Technik sei das, was wir meinen, wenn wir allgemein über Technik reden (Grunwald/Julliard 2005, 140). In dieser Formulierung kommt »Technik« zweimal vor, und die erste Reaktion darauf ist, dass in einer ordentlichen Definition der zu definierende Begriff nicht verwendet werden darf. Aber hinter dem Vorschlag, Technik sei ein Reflexionsbegriff, steckt mehr: In der zweifachen Verwendung hat das Wort nicht dieselbe Bedeutung. Wenn wir über Technik reden, gehen wir von einem undefinierten Vorverständnis aus. Wir reden eigentlich über das, was uns zum Stichwort »Technik« einfällt. Fangen wir nun an, darüber zu reflektieren, dann führt uns dieses Vorverständnis auf allgemeinere Überlegungen. Was zunächst nur ein erster Einfall war, wird nun zu einer Art Sinnbild für das, was Technik sein und bedeuten kann. Zum Stichwort »Technik« fällt einigen die Maschine ein, andere denken vielleicht an den perfektionierten Bewegungsablauf eines Sportlers, wiederum andere an die Nanotechnologie oder die Vernetzung der Menschen durch das Internet. Reflexionen über diese Sinnbilder führen weg von den Dingen und hin zu ihren Bedeutungen für uns und schließlich hin zu uns selbst oder der Stellung des Menschen in der technisierten Welt. Je nachdem, was uns zum Stichwort »Technik« einfällt, sprechen wir von Hoffnung auf medizintechnische Heilung oder Angst vor Kontrollverlust und technischer Überwachung. Auf einer weiteren Reflexionsstufe kommen dann vielleicht Fragen nach menschlicher Freiheit oder nach der Gestaltbarkeit der technischen Entwicklung ins Spiel: Wie unaufhaltbar ist die scheinbare Eigendynamik der Technik, wenn wir etwa an Halbleiter oder Elektronikprodukte denken, und wie abhängig von politischen Entscheidungen ist sie, wenn es um die Bekämpfung von Infektionskrankheiten in Entwicklungsländern geht?

Wenn Technik das ist, was wir meinen, wenn wir allgemein über Technik reden, dann interessiert sich Technikphilosophie zunächst einmal für diese Reflexionsbewegungen und dafür, wie sie uns von einem unreflektierten Vorverständnis zu Fragen darüber führen, auf welche Weise unser Verhältnis zur Welt über die Technik organisiert ist, d. h. zu den Fragen der philosophischen Anthropologie, Geschichtsphilosophie, Naturphilosophie, Erkenntnis- und Wissenschaftsphilosophie oder Ästhetik. Methodisch kann die Technikphilosophie nicht viel mehr leisten, als diesen Weg immer wieder zu gehen, also immer wieder von konkreten Vorstellungen ausgehend zu allgemeinen Reflexionen zu gelangen. Und diesen Weg immer wieder gehen heißt letztlich so viel wie Geschichten erzählen. Darum finden sich in den folgenden Kapiteln Geschichten über die silberne Opferschale und die Maschine als Sinnbilder des Technischen, über Krebsmaus und Vakuumpumpe, Kamera und Fahrrad, Feuerwerk und Guillotine, den sogenannten Berliner Schlüssel und einen Hebammengriff namens »Bracht«. Die Vielfalt und scheinbare Beliebigkeit dieser Geschichten widerstrebt manchen Philosophen, denen es auf systematisches Wissen, begriffliche Fundierung, gültige Allgemeinheit und nicht nur auf die mit der Reflexion einhergehende Verallgemeinerung ankommt. Aber nicht nur weil sich die Vielfalt der technischen Phänomene jeder Systematik entzieht, sind die hier erzählten Geschichten buchstäblich aufschlussreich – sie öffnen den Blick, zwingen uns, traditionelle Fragen der Philosophie einer kritischen Prüfung zu unterziehen, und irritieren auch sonst unser eher schlafwandlerisches Technikverhältnis.

Wenn Technik als Reflexionsbegriff aufgefasst wird, geht es also nicht darum, mit einem bestimmten Gegenstandsbereich namens Technik begrifflich fertig zu werden. Vielmehr dienen die Erfahrung mit Technik und die Reflexion auf diese Erfahrung als ein Anstoß, neue Fragen und vielleicht auch Forderungen zu stellen. Hier kann nur angedeutet werden, wie schon das bloße Hinzutreten der Technik überlieferte philosophische Positionen und Debatten unterläuft. So wird die Frage *Was ist der Mensch?* zumeist mit Bezug auf Wissen und Vernunft, Handeln und Moral, Sprache und Kultur beantwortet. Mit der Technik gerät der *homo faber* in den Blick, der herstellende und hervorbringende Mensch. *Was ist das Seiende, wie ist die Welt beschaffen?* sind metaphysische Fragen, die darauf zielen, den Geist im Leib zu verorten oder das frei handelnde Subjekt als Teil einer objektiven Naturgegebenheit zu verstehen. Dabei geht es meistens darum, das Innere des Denkens mit dem Äußeren der Natur zu versöhnen. Kaum kommt jedoch die Technik ins Spiel, verlieren diese Dualismen ihren Sinn. Schließlich findet sich der Mensch gar nicht in einer gegebenen Natur vor, sondern in der von Menschenhand geschaffenen Welt. *Was ist Fortschritt, wohin entwickelt sich die Menschheit?* sind Fragen der Geschichtsphilosophie, die die zunehmende Technisierung als ein Kennzeichen der Moderne diagnostiziert, das sich in der Postmoderne allenfalls potenziert. Unter Einbeziehung der Technik stellt sich auch diese Frage anders, denn die Technik ist nicht etwas, das sich den Menschen erst im Laufe ihrer Geschichte zugesellt. Vielleicht ist es ja so: So wie die Sprache von jeher unsere Beziehungen zu anderen Menschen regelt, so regelt die Technik unsere Beziehungen zu den Dingen. Technik ist Lebensform, und jede Lebensform ist von verfügbaren Techniken gekennzeichnet und insofern bereits technisiert. Es wäre dann also nicht so, dass Technisierung die historische Entwicklung bestimmt, vielmehr vollziehen sich historische Entwicklungen unter technischen Bedingungen. *Was können wir wissen?* fragt die Erkenntnistheorie und bezieht sich dabei gewöhnlich auf das sprachlich artikulierte Wissen der Wissenschaften, nicht aber auf einverleibtes technisches Fertigkeitswissen. Die Wirklichkeit eines solchen Fertigkeitswissens wird zwar nicht geleugnet, aber immer wieder als sekundär oder gar als minderwertig eingestuft – es folge einer bloß praktisch-instrumentellen und eben nicht intellektuell-reflektierenden Vernunft. Die Entwicklung des Wissens wird dementsprechend vor allem als Ideengeschichte begriffen, wobei Fragen der technischen Phänomenkontrolle ausgeblendet werden. Kaum jedoch wird die Rolle von Instrumenten, Experimenten, Darstellungstechniken angemessen gewürdigt, ergeben sich neue erkenntnistheoretische Fragen nach einem Wissen, das keiner sprachlichen Darstellung bedarf. Die

Ästhetik fragt schließlich *Wie kommt die Welt zur Erscheinung?* und beschränkt sich dabei weitgehend auf sinnliche Wahrnehmung und wie sie bedeutsam wird. Wird das Werk jedoch als ein technisches Zusammenwirken von Dingen aufgefasst, nimmt die Teilnahme an Wirkzusammenhängen und die Erkundung, ob es in Werk und Welt mit rechten Dingen zugeht, ästhetische Bedeutung an.

Diese Beispiele zeigen, wie Geschichten über die Technik philosophische Fragestellungen verändern. Wichtiger ist aber, was die Technikphilosophie sonst noch bewirken kann. Am Anfang jeder technikphilosophischen Reflexion, so hieß es, steht ein vages Vorverständnis, das sich an einem bestimmten, oftmals historisch geprägten Bild von Technik orientiert. Am Ende der Reflexion steht das philosophische Selbstverständnis des Menschen in einer so oder so technisierten Welt. Was für ein Anfang ist das, und welchen Anfang sollten unsere Reflexionen nehmen? Stehen wir alle gleichermaßen an diesem Anfang, oder bedarf es dafür eines speziellen philosophischen, historischen oder technischen Wissens? Diese Frage nach dem Anfang ist ihrerseits Gegenstand technikphilosophischer Auseinandersetzung. Der Technikphilosoph und wunderbare Geschichtenerzähler Langdon Winner stellt diese Frage ausdrücklich: »Wohin sollte ein Philosoph gehen, der etwas über Technik erfahren will? In ein Forschungs- und Entwicklungslabor? Auf einen Bauernhof? In ein Elektrizitätswerk? Eine Telefonzentrale? Einen Flughafen? Ein Waffenlager? Eine Baustelle? Eine Forschungsförderungsbehörde? Eine Giftstoff-Abfallanlage? Einen automatisierten Vergnügungspark? Eine Schule, die Computer in den Unterricht integriert?« (Winner 1993, 234)

Den Fragen hängt ein Hauch des Absurden an, und damit beantworten sie sich fast schon selbst. Ja, an all diesen Orten kann ein Philosoph sehr aufschlussreich zu reflektieren beginnen, aber gerade darum fiele es uns nicht ein, den einen oder anderen Ort zum einzig richtigen oder zum zentralen Ausgangspunkt zu erklären.

Die Frage lässt sich zuspitzen. Ist eine technikphilosophische Reflexion erst dann seriös, wenn sie auf einem Wissen über technische Forschung und Entwicklung basiert und wenigstens ungefähr weiß, wie die betreffende Technik eigentlich funktioniert? Oder reicht es völlig aus, dass wir schließlich in einer technisierten Welt leben und reichlich Bekanntschaft haben mit Technik im Gebrauch? Und noch weiter zugespitzt: Wissen wir alle womöglich schon alles, was wir über Technik wissen müssen, um sie zu reflektieren und zu bewerten?

Zu diesem Fragenkomplex gibt es zwei Standpunkte, denen wir in späteren Kapiteln wiederbegegnen werden. Dem einen Standpunkt zufolge wissen wir nichts über die Technik, mit der wir täglich umgehen. Dies liegt daran, dass die Arbeit der Ingenieure und ihre vielen Konstruktionsentscheidungen hinter der Benutzeroberfläche verborgen liegen. Zwar wissen wir, wo wir Geräte an- und ausschalten können, wie wir etwas eingeben sollen, um etwas herauszubekommen, aber die eigentlichen Funktionsmechanismen sind dem normalen Benutzer nicht zugänglich. Daraus leitet sich die Forderung ab, Aufklärung über Technik verlange vor allem eine Offenlegung von Konstruktionsprinzipien und der Geschichte, die zur jetzigen Gestalt eines technischen Geräts oder Systems geführt hat (Bijker/Pinch 1987). Philosophische, historische und sozialwissenschaftliche Auseinandersetzungen mit Technik sollen zunächst den Schleier des Unwissens lüften und die technische Entwicklung in die Arena politischen Handelns rücken.

Gegen diese Auffassung wendet sich insbesondere Langdon Winner. Alles, was wir wissen müssen, um Technik zu reflektieren, können wir allein dadurch wissen, dass wir als Bewohner einer technisierten Welt diese Technisiertheit täglich am eigenen Leib erfahren. Wir treten mit technischen Systemen in Beziehung, und wie alle Beziehungen können sie gelingen und scheitern. Eine gelingende Beziehung kann durchaus von einem Glücksgefühl begleitet sein und einem Rausch der Ermächtigung, etwa wenn sich Nutzer erstmals bewusst werden, dass sie plötzlich etwas können, was ihnen vorher unmöglich war. Auch die scheiternden Beziehungen sind uns wohlvertraut, insbesondere wenn etwas einfach nicht funktionieren will oder äußerst umständliche Forderungen an seine Nutzer stellt. Winner betont allerdings ebenfalls, dass uns die Technik weitgehend unbewusst und verborgen bleibt, dies jedoch nicht, weil sie sich im Inneren eines Geräts versteckt, sondern weil sie im routinisierten Umgang zur scheinbar unbedeutenden Gewohnheitssache wird. Dem will er entgegenarbeiten, indem er aufschlussreiche Geschichten erzählt und Technik von Alltagssituationen her reflektiert. Zwei Freunde begegnen einander auf der Straße, der eine im Auto, der andere zu Fuß unterwegs. Der Autofahrer hupt, hält, kurbelt das Fenster herunter und versucht durch Zuruf, die Aufmerksamkeit des nunmehr leicht irritierten Freunds zu gewinnen, der ihn natürlich nicht sofort erkannt hat. Noch während der Autofahrer eine Einladung zum Abendessen loszuwerden sucht, drängeln bereits andere Autos. Winner schreibt dazu:

»Was wir hier sehen, ist eine Art Verkehrsunfall, auch wenn er zu keinen körperlichen Verletzungen geführt hat. Es ist ein Zusammenstoß zwischen der Welt des Autofahrers und der des Fußgängers. [...] Die Kommunikation der beiden ist durch die Unvereinbarkeit zweier Fortbewegungsarten geprägt, von denen eine Gehen genannt wird und eine sehr viel neuere Autofahren heißt. [...] Wer verstehen will, wie das Auto das Gefüge unseres Zusammenlebens prägt, dem nützt es wenig, etwas über die Herstellung von Autos zu wissen, wie man sie bedient und wozu sie gebraucht werden, was die Straßenverkehrsordnung besagt und wie sich die Verkehrspolitik

> entwickelt hat. In solchen Fällen läßt uns ein rein instrumentelles oder funktionales Verstehen im Stich. Was gebraucht wird, ist eine Interpretation der offensichtlichen und subtilen Weisen, auf die das alltägliche Leben durch die Vermittlung technischer Erfindungen transformiert wird. Im nachhinein ist das allen klar. Individuelle Gewohnheiten, Wahrnehmungsweisen, Selbstverständnisse, Begriffe von Raum und Zeit, Sozialbeziehungen und Grenzen der Politik und Moral sind im Verlauf der modernen Technikentwicklung wirkungsvoll restrukturiert worden. [...] Das interessante Rätsel unserer Zeit ist, daß wir uns so bereitwillig schlafwandelnd diesen Prozessen einer Restrukturierung der Bedingungen menschlichen Existierens überlassen.« (Winner 1987, 9 f.; vgl. Horkheimer/Adorno 1944, 233; Marcuse 1967, 237 f.)

Winners Technikphilosophie soll vor allem dazu dienen, uns aus dieser schlafwandlerischen Haltung aufzuwecken. Seine Geschichten führen uns von der Alltagswahrnehmung der Technik zu Fragen über uns selbst und insbesondere zu Reflexionen darüber, wie wir mithilfe der Technik unser Zusammenleben und unser Weltverhältnis organisieren wollen.

Romanzen und Tragödien

Die folgenden Kapitel führen in viele, keineswegs alle technikphilosophischen Ansätze ein. Diese stehen zumeist nicht in Konkurrenz zueinander, vielmehr stellt jeder von ihnen gewisse Erfahrungen mit Technik in den Mittelpunkt und geht aufschlussreich über sie hinaus. Im Vordergrund steht jeweils, was die Technikphilosophie leistet und leisten kann, wie sie wirkt und was sie bewirkt. Dafür spielt es keine besondere Rolle, ob die jeweils erzählten Technikgeschichten wahr sind oder nicht. So trauen viele dem Erfinder und Ingenieur oder der demokratischen Gestaltbarkeit der Technik zu viel zu, andere wiederum überschätzen die von der Technik produzierte Entfremdung des Menschen oder die Eigendynamik der technischen Entwicklung, die uns überrolle. Nicht trotz dieser Übertreibungen, sondern gerade wegen der Vereinseitigung gewisser Gesichtspunkte kann jeder dieser Ansätze zu wichtigen Fragen führen und den Blick für das Leben in unserer technisierten Welt schärfen. Der Technikphilosoph Günther Anders hat sich dieser Methode der Übertreibung ganz ausdrücklich bedient, aber auch Langdon Winner oder Martin Heidegger wenden sie an.

Dass es auf buchstäbliche Wahrheit nicht ankommt, mag auf den ersten Blick als Ausflucht aus einer Verlegenheit missverstanden werden: Wenn alle Technikphilosophen nur Geschichten erzählen, die ihre Sinnbilder des Technischen einseitig überhöhen, dann können auch alle irgendwie recht haben – sei es auch nur, weil alle Geschichten irgendwie aufschlussreich sind, ohne dabei all den vielfältigen und widersprüchlichen Erscheinungen der technischen Welt gerecht werden zu müssen. Und von dort ist es nur ein kleiner Schritt in einen Relativismus, der jede Reflexion über die Technik für gleichwertig hält. Gleichwertig jedoch sind Technikgeschichten gerade nicht. Die Frage nach einem angemessenen Technikverhältnis ist nämlich eng mit der Frage verknüpft, was für Geschichten wir erzählen und welchen Reflexionsbewegungen wir folgen, was für Denk- und Handlungsmöglichkeiten diese Geschichten eröffnen und welche sie verhindern, was sie aufhellen und was sie verdunkeln. Dass sich eine Übertreibung als angemessener erweisen kann als so manche unscheinbare Überlieferung, mögen die folgenden Beispiele verdeutlichen.

Technik sei neutral, heißt es etwa, und nur in den Händen der Nutzer werde sie gut oder schlecht. Die technische Entwicklung beschleunige sich permanent und es falle den Menschen immer schwerer, ihr hinterherzukommen. Technik diene den Menschen allemal als Mittel zu einem Zweck. Mittels der Technik kompensiere der Mensch seine Mängel und erweitere seine Macht. All dies sind vertraut-unscheinbare Muster, die sich in unzählige Technikgeschichten einschreiben, sich manchmal als wahr und in mancher Hinsicht als falsch erweisen, in jedem Fall aber ein Technikverhältnis begründen, das uns von vornherein unfrei gegenüber der Technik macht und das darum als unangemessen befunden werden mag. So steckt in der Reflexionsbewegung von einem Sinnbild der Technik zu seiner Verallgemeinerung ein Urteil darüber, was die Technik im Verhältnis zum Menschen ist.

Dass es in unseren Technikgeschichten nicht so sehr auf Wahrheit und Falschheit, sondern auf das auch durch Übertreibung gewonnene Urteil ankommt, lässt sich insbesondere am Verhältnis von Technik und Kunst verdeutlichen. Grunwald und Julliard gehen wie selbstverständlich davon aus, dass eine erfolgreiche Reflexion auf Technik zu allgemeinen Unterscheidungsmerkmalen von Technik und Kunst führt: Wer in der heutigen Zeit darüber nachdenkt, was gemeint sein mag, wenn wir allgemein über Technik reden, wird hier in der Tat unterscheiden wollen. Zwar sind Kunstwerke und technische Artefakte gleichermaßen gemacht, die Kunst aber ist offenbar ganz anders auf Funktionen und Zwecke bezogen als die Technik. Zu diesem Ergebnis kommt vermutlich auch, wer darauf reflektiert, was wir meinen, wenn wir allgemein über Kunst reden. Wem ein abstraktes Gemälde oder ein Streichquartett Beethovens Sinnbild oder Inbegriff der Kunst ist, dem mag es fraglos so erscheinen, dass Kunstwerke selbstgenügsam ihre eigenen Zwecke sind, die wir mit interesselosem Wohlgefallen wahrnehmen. Schwieriger wird die Sache allerdings, wenn die Reflexion ihren Ausgangspunkt bei einer verspielten Maschinenskulptur Jean Tinguelys nimmt oder bei einer herrschaftlichen Reiterstatue, der eine klare gesellschaftliche Funktion für die Machtausübung zukommt.

Schwierigkeiten dieser Art bereitet etwa das Bild von Man Ray auf dem Umschlag dieses Buchs: Es handelt sich um ein 1920 mit Airbrush hergestelltes Ölbild, dessen spielerische Intelligenz den Blick des ehemaligen technischen Zeichners mit den auch technischen Innovationen des Dada-Künstlers verbindet. Einerseits verweist dieses Bild auf das tänzerisch-freie, zweckfreie Spiel der Kunst, andererseits stellt es die Gefahr einer blockierten, unmöglich funktionsfähigen Technik dar, denn die drei Zahnräder sind so ineinander verkeilt, dass sie sich ganz unmöglich bewegen können. Die Bewegung, die die Zahnräder von hier nach dort weitergeben sollen, um einen Antrieb zu erzeugen oder etwas in Schwung zu setzen, findet nicht statt. Die Kunst kommt nicht über sich hinaus, auch dort nicht, wo sie sich der Technik anvertraut: Das Kunstwerk ist eine unmögliche Maschine und als Verbindung von Kunst und Technik die Darstellung einer Unmöglichkeit. Umgekehrt macht hier die Kunst etwas möglich, wo die Technik versagt. Denn die Kunst kann eine kubische Figur flach erscheinen lassen und dann wieder physische Tiefe suggerieren, als ob sich eine Art Gebäude in dem Gittermuster verbirgt. Damit bringt die Kunst die Dinge zum Tanzen und erscheint der unvermögenden Technik als Bedrohung und Gefahr. Und so thematisiert Man Ray zugleich die Nähe und die Ferne von Kunst und Technik.

So wie wir gerne über das streiten, was Kunst ist oder sein darf, so sollten wir vielleicht auch über das streiten, was Technik ist. Es ist bereits ein Urteil, wenn jemand die Kunst auf vor allem realistische Darstellungen von schönen Dingen, Landschaften, Personen beschränkt – genauso, wie es ein Urteil ist, wenn der kritische Impuls einer zerstörerischen Geste als Kunst gefeiert wird und überhaupt fast alles als Kunst gelten darf, solange es nicht zu schön oder gar kitschig ist. Derlei Urteile sind noch keine Geschmacksurteile und schon gar keine Bewertungen der Qualität eines Werks, aber sie sagen etwas darüber aus, wie wir die Welt einteilen und worauf wir uns einlassen wollen. Ähnlich geht es mit der Technik: Gelten als Reproduktionstechnologien zum Zweck der Schwangerschaftsverhütung allein die Pille und andere pharmazeutische Interventionen oder auch die fast schon archaischen Kondome, Schwämme, Spülungen oder sogar das Zählen der Tage und die genaue Beobachtung des eigenen Körpers? Wollen wir die Züchtungstechnik eines Bauern im 19. Jahrhundert vom gentechnisch manipulierten Saatgut der Gegenwart grundsätzlich unterscheiden? Wie umfassend oder beschränkt denken wir uns die Gestaltbarkeit der Welt und unsere Fähigkeit der Weltgestaltung?

Diese Fragen zielen auf Urteile, die auch für die gar nicht selbstverständliche Unterscheidung von Technik und Kunst gefordert sind. Schon die beiden Wörter haben keineswegs immer einen Gegensatz ausgedrückt und sind im Sprachgebrauch nach wie vor noch nicht streng voneinander getrennt. Tatsächlich gab es für »Technik« bis ins 18. Jahrhundert gar kein eigenes Wort und noch in Diderots berühmter *Enzyklopädie* findet sich unter »Kunst« vor allem die Würdigung der mechanischen Künste. Von Kunstfertigkeiten und Kunstgriff sprechen wir in Bezug auf Technik noch immer, die Fahrkunst in einem Bergwerk ist eine Art Fahrstuhl in den Schacht, und vage vertraut klingt immer noch die Rede von der Maschinenkunst. »Das ist doch keine Kunst«, sagen wir, wenn wir einen Vorgang beherrschen.

Diese sprachlichen Reminiszenzen beziehen sich auf historisch und systematisch weiter reichende Zusammenhänge. Wenn etwa Aristoteles nicht streng zwischen Kunst und Technik unterscheidet (vgl. Wolff 2007), hat das einen systematischen Grund in der grundsätzlicheren Unterscheidung von *physis* oder Natur und *techné* oder Kunst (lat. *ars*). Was von Natur aus ist, hat seine Bewegungsprinzipien in sich selbst. Es ist selbsttätig in dem Sinne, dass seine

Bewegungen ihren Ursprung in sich selbst haben. Für *techné* oder *ars* gilt das nicht. Was ein Tischler oder Bildhauer macht, hat seinen Ursprung nicht in sich selbst, sondern empfängt Bewegungsimpulse vom Künstler oder Ingenieur. Angesichts dieser Zweiteilung, die Kunst und Technik zusammenschließt, würden wir sofort zugeben, dass Technikentwicklung kreativ ist, während die Kunstproduktion auf technische Produkte und Fertigkeiten angewiesen ist. Kunst und Technik dienen einer Art von Transzendenz, da wir mit ihrer Hilfe über die bloße Gegebenheit unserer Existenz hinausgehen. Beide dienen der Weltgestaltung und der Realisierung von Lebensentwürfen, insofern sind sie konstruktiv und gehören im weitesten Sinn in den Bereich des »Designs«. Mit ihrer Hilfe verwirklichen wir uns, suchen Wunscherfüllung, drücken uns aus. Vor allem jedoch verweisen die Gemeinsamkeiten von Kunst und Technik auf eine Gemeinsamkeit des Ursprungs – und, wie wir im nächsten Kapitel sehen werden, auf die Vorstellung, dass wir durch Rückbesinnung auf diese Gemeinsamkeit gerettet werden können.

Dem Ausgangspunkt von Kunst und Technik begegnen wir im Mythos von Prometheus, der den Menschen Kunst, Wissenschaft und Technik gab und insofern den Menschen erst schuf. In einigen Versionen des Mythos tut er dies ganz unmittelbar, indem er den Menschen aus Ton erschafft. Im übertragenen Sinne bringt Prometheus den Menschen im Drama vom gefesselten Prometheus des Aischylos hervor. Dort heißt es, dass die Menschen wie Eintagsfliegen auf der Erde hausen, »Träumer sonst und stumpfen Sinns« (443). Nachdem Zeus im Kampf mit den Titanen gesiegt hat, verteilt er Amt und Ehren unter den Göttern, ohne dabei auf die »armen Menschenkinder« Rücksicht zu nehmen: »ganz zu vertilgen ihr Geschlecht, ein anderes neues dann zu schaffen, war ihr Plan« (227-233). Gegen diesen Plan widersetzt sich Prometheus, der den Menschen nicht nur das Feuer, sondern dazu auch blinde Hoffnung schenkt, die sie über ihr Geschick als Eintagsfliegen hinwegtäuscht.

Prometheus Ich nahm's den Menschen, ihr Geschick vorauszuseh'n.
Chorführerin Sag, welches Mittel fandest diesem Übel du?
Prometheus Die blinde Hoffnung ließ ich einziehn in ihr Herz.
Chorführerin Ein großes Gut ist's, das du gabst den Sterblichen.
Prometheus Zu diesem noch das Feuer wandt ich ihnen zu.
Chorführerin Die Eintagskinder kennen jetzt der Flamme Licht?
Prometheus Das künftig tausendfache Kunst sie lehren wird. (248-254)

Somit kann sich der Halbgott brüsten: »von mir Prometheus kommt den Menschen alle Kunst« (506). Er rühmt sich damit, den Menschen nebst dem Feuer Ziegelbau und Häuser, Astronomie und Mathematik, Ackerbau und Medizin gegeben zu haben (447-506). Diese Hybris des Prometheus schafft sich ein Nachbild in der Anmaßung seiner Eintagskinder, für die sich nun blinde Hoffnung und Unkenntnis des eigenen Geschicks mit der Entwicklung tausendfacher Künste verbinden.

Der hochmütige Halbgott wird zur Strafe für seinen frechen Ungehorsam bekanntlich an einen Felsen gefesselt und ewiger Qual ausgesetzt. Wir begegnen ihm zweitausend Jahre später im Versdrama *Prometheus Unbound* von Percy Shelley wieder, wo er Zeuge der von ihm entfesselten Kräfte wird. Im Jahr 1818/19 und angesichts der Anfänge der industriellen Revolution sucht der einstige Vorkämpfer der Menschen Erlösung von dem Fluch, der sie und ihn befallen hat. Das verzehrende Feuer repräsentiert diesen Fluch.

Du prahlst, daß Erkenntnis du für den Menschen entdeckt?
In seinem Innern ward damals ein Dürsten geweckt
Daß jene versiegenden Quellen nicht löschen; Begehren
Und Hoffnung und Zweifel und Wünsche, die nun verzehren.
[...]

Sieh! wie Städte völkerreich,
Fern am Horizonte dort
Rauch in dunkle Lüfte speien!
Horch auf der Verzweiflung Schreien! (Shelley 1818/19, 43)

Mit der Technik und der blinden Hoffnung kommt bei Shelley ein unstillbarer Wissens- und Tatendurst in die Welt, der einer griechisch-mythologischen Marterqual gleicht und vom Verzweiflungsschrei aus rauchverpesteten Millionenstädten begleitet wird.

Aischylos und Shelley, der gefesselte und der entfesselte Prometheus erzählen zwei Geschichten, die sich ergänzen. Es sind zwei Gründungsmythen oder archetypische Geschichten am Ursprung der Technik. Da ist einerseits die Geschichte von Hybris, Stolz, Tatendrang, Erfindungskraft und Kreativität. In dieser Geschichte ist Prometheus der Inbegriff des »self-made man«, als der er in der Technikphilosophie von Günther Anders wieder auftaucht (Anders 1961, 25). Da ist andererseits die Geschichte der Entfremdung von Natur und Mensch, von faustisch unbefriedigtem Streben, unstillbarem Verlangen und einem ewigen Wettkampf mit und gegen sich selbst.

Der Technikhistoriker Mikael Hård betrachtet zusammen mit dem Sozialphilosophen Andrew Jamison die Technikgeschichte und das wechselhafte Verhältnis von Mensch und Technik durch die Brille solch archetypischer Geschichten (Hård/Jamison 2005). Diese Geschichten dienen als Muster für unsere Reflexionsbewegungen, die vom Besonderen auf allgemeine Aspekte der Technik zielen. Hård und Jamison folgen Hayden White, wenn sie diese narrativen Muster als Technikromanzen und Techniktragödien bezeichnen (White 2008). Die Geschichten von Aischylos und Shelley fügen sich leicht in ihren Ansatz: »In Bezug auf die von Hayden White diskutierten narrativen Formen ist [Aischylos' Geschichte des Prometheus] eine Art Romanze oder Heldensage, die zeigt, wie stürmische Energie und Ehrgeiz zu großen wissenschaftlichen Leistungen führen können. Dagegen ist [Shelleys] Geschichte eine Tragödie, die darstellt, wie eben diese Leistungen sehr negative Konsequenzen haben können.« (Hård/Jamison 2005, 2f.)

Nach Hård und Jamison begegnen wir den Technikromanzen in zahlreichen Erfindungs- und Innovationsgeschichten, wie sie von den Massenmedien, aber auch von der Technikgeschichtsschreibung immer wieder produziert werden. Hingegen finden sich die Techniktragödien in den kritischen Analysen der technischen Konstruktion und Destruktion von Gesellschaften oder der Natur. Die beiden Autoren meinen, dass wir neue Typen von Geschichten brauchen, um über diese Polarität hinauszukommen. Solange unsere Reflexionen immer nur dem Muster von Romanze oder Tragödie folgen, laufen sie Gefahr, den Zugang zur Technikentwicklung zu verengen. Hård und Jamison fordern daher eine weitere narrative Form, die den Blick weiten soll, nämlich die dialektische Geschichte der kulturellen Aneignung. Dialektisch ist sie einerseits, weil sie den Optimismus der Romanze und den Pessimismus der Tragödie anerkennt, ohne ihnen jeweils das letzte Wort zu geben. Dialektisch ist sie andererseits, weil sie die Technikentwicklung als Zusammenspiel vieler Triebkräfte auffasst: Diese verdankt sich weder allein der gestalterischen Kraft der innovativen Entwickler und schon gar nicht allein einer zerstörerischen Eigendynamik der Technik – entscheidend kommen insbesondere kulturelle Aneignungsprozesse hinzu (Hård/Jamison 2005, 28-30). Dialektische Geschichten dieser Prozesse werfen drittens Licht auf die rhetorischen und politischen Techniken, mit deren Hilfe Technik in kulturelle Zusammenhänge integriert und dabei transformiert wird (vgl. Jasanoff 2002).

Mit Romanzen und Tragödien, Geschichten der Innovation und Konstruktion beurteilen wir Technik, befreunden uns mit ihr, normalisieren und naturalisieren wir sie. Die dialektische Betrachtungsweise bringt diese implizite Urteilsbildung ans Licht. Sie lässt die Romanzen und Tragödien nicht etwa hinter sich zurück, erhellt aber ihren Ort in der Bewegung von einem Vorverständnis der Technik zu deren Reflexion im Urteil.

Was heißt es nun also, angemessen über Technik zu denken? Diese Frage lässt sich nicht nach begrifflichen Kriterien entscheiden, sondern nur im Verhältnis von Technik, Selbst- und Menschenbild, Natur und Gesellschaft. Dies setzt Techniken des Umgangs mit Technik voraus und Geschichten als Techniken der Aneignung. Angemessen über Technik denken heißt also vielleicht gerade nicht, ihres »Wesens« gewahr zu werden, sondern kann stattdessen heißen, Technik kontrafaktisch so vorzustellen, wie sie sein kann oder sein soll. So gilt für den Technikbegriff, was für den Kunstbegriff gilt. Wie wir uns Technik und Kunst vorstellen, ist von vornherein keine Seins-, sondern eine Sollensfrage – also ein durch Reflexion auf die Erfahrung mit Werken der Kunst und der Technik gewonnenes Urteil.

1. Hervorbringen oder Herausfordern – die Frage nach Mensch und Technik

Die silberne Opferschale: Aristoteles und Martin Heidegger

Die Frage nach der Technik ist zugleich eine Frage nach dem Menschen, aber nicht etwa, weil die Technik und die bewusste Entwicklung von Mitteln zu Zwecken ein Charakteristikum des Menschen gegenüber dem Tier wäre. Nach diesem Kriterium ist die Unterscheidung von Mensch und Tier so unscharf, wie die Bestimmung der Technik nach Mittel und Zweck fragwürdig ist. Gegen Erstere sprechen Studien tierischen Verhaltens, und dass die Technik nicht immer Mittel zum Zweck ist, zeigen Spielzeuge, die der beeindruckenden Demonstration ihres eigenen Funktionierens dienen und somit eine Art Selbstzweck darstellen.

Im Sinne einer philosophischen Anthropologie soll die Verbindung zwischen Mensch und Technik eher darin gesucht werden, dass unser technisches und nicht nur unser natürliches oder geistiges Verhältnis zur Welt etwas darüber aussagt, wer wir sind. Immanuel Kants Logik zufolge besteht die Frage *Was ist der Mensch?* aus den drei besonderen Fragen: *Was kann ich wissen?*, *Was soll ich tun?*, *Was darf ich hoffen?* (Kant 1800, 448/A 25) Diese nur auf das Subjekt gerichteten Fragen werden durch die Technikphilosophie um eine vierte erweitert: *Wie stelle ich her?* Diese Erweiterung betrachtet das Verhältnis zwischen Menschen und Dingen und erkundet also nicht, was der Mensch an sich ist, sondern was für ein Mensch das ist, der sich in diesem Verhältnis zur Geltung bringt. Martin Heidegger (1889–1976) hat diesen Fragen besonderen Nachdruck verliehen, indem er zeigt, dass wir uns selbst hervorbringen nach der Weise, wie wir Dinge technisch herstellen oder hervorbringen (vgl. Luckner 2008).

Im *homo faber* verbindet sich das, was wir machen, mit dem, wer wir sind. Diese Bestimmung bezeichnet den Menschen als Handwerker, der sich Mittel erfindet, um seine Zwecke zu erfüllen. Sie ist aber unzureichend, um unsere Augen für ein Verhältnis von Mensch und Technik zu öffnen, wie es etwa eine silberne Opferschale repräsentiert. Heute wird wohl kaum jemandem als Erstes dieser handwerklich für den rituellen Gebrauch geschaffene Gegenstand in den Sinn kommen, wenn von Technik die Rede ist. In seinem Aufsatz »Die Frage nach der Technik« schenkt ihr Martin Heidegger jedoch besondere Aufmerksamkeit. Wie der von ihm beeinflusste Autor des Romans *Homo faber*, Max Frisch, möchte uns Heidegger damit das Verhältnis von Mensch und Technik allererst sehen lehren (Kiernan 1978). Dafür nimmt Frischs Roman wie Heideggers Aufsatz den scheinbaren Umweg über Kunst und Philosophie im antiken Griechenland.

Der Protagonist von Frischs 1957 veröffentlichtem Roman ist der Ingenieur Walter Faber, der als modern kalkulierender Geist den technischen Fortschritt repräsentiert. Seine Geschichte jedoch vollzieht sich in der umgekehrten Richtung. Sie beginnt mit einem Flugzeugabsturz, führt über eine Schiffsreise und Autofahrt nach Griechenland, wo seine Reise auf der Ladefläche eines Lastwagens endet, der zu langsam ist, um seine schwer verletzte Geliebte noch rechtzeitig ins Krankenhaus zu bringen. Nicht wissend, dass sie eigentlich seine Tochter ist, erfährt Faber durch ihre Mutter und sie die Grenzen seines rational kalkulierenden Geistes. Sie haben ihn nämlich sehen gelehrt, indem sie ihn von seiner kalkulierbaren Maschinenkunst auf eine ursprünglichere Technik zurückgeführt haben, die er zunächst gar nicht als Technik wahrgenommen hatte und die ihm keinesfalls als Sinnbild der Technik erschienen war. Dass der klar denkende und scheinbar hellsichtige Ingenieur gegenüber seiner eigenen Blindheit blind ist, verdeutlicht Max Frisch im Roman schon sehr früh. Er lässt Faber notieren: »Ich habe mich schon oft gefragt, was die Leute eigentlich meinen, wenn sie von Erlebnis reden. Ich bin Techniker und gewohnt, die Dinge zu sehen, wie sie sind. Ich sehe alles, wovon sie reden, sehr genau; ich bin ja nicht blind. Ich sehe den Mond über der Wüste von Tamaulipas – klarer als je, mag sein, aber eine errechenbare Masse, die um unseren Planeten kreist, eine Sache der Gravitation, interessant, aber wieso ein Erlebnis?« (Frisch 1957, 24)

Dass er eben doch blind ist, erfährt er von seiner einstigen Geliebten und der Mutter seiner Tochter. Sie liefert ihm sogar eine technikphilosophische Erklärung dafür, dass er Erlebnisse nicht sehen kann. Seine Blindheit habe er nämlich selbst konstruiert, so wie die Techniker allemal mit der Technik auch sich selbst konstruieren. Frischs Romanheld kann diese Erklärung natürlich nicht verstehen und bestätigt sie auf diese Weise. Er protokolliert sein Unverständnis: »Diskussion mit Hanna! – über Technik (laut Hanna) als Kniff, die Welt so einzurichten, daß wir sie nicht erleben müssen. Manie des Technikers, die Schöpfung nutzbar zu machen, weil er sie als Partner nicht aushält, nichts mit ihr anfangen kann; Technik als Kniff, die Welt als Widerstand aus der Welt zu schaffen, beispielsweise durch Tempo zu verdünnen, damit wir sie nicht erleben müssen. (Was Hanna damit meint, weiß ich nicht.)« (Frisch 1957, 169)

Gegen eine technisch so beschleunigte Welt, die nicht mehr erlebt werden kann, bringt Hanna etwas anderes ins Spiel: »Oedipus und die Sphinx, auf einer kaputten Vase dargestellt in kindlicher Weise« (142). Wenn nun jemand wie Faber die kaputte Vase, das getöpferte Gefäß oder die in den Ritus eingebundene silberne Opferschale nicht ohne Weiteres als Sinnbild des Technischen erkennt, stellt sich die Frage, was er womöglich sonst noch aus dem Blick verloren hat. Dieser Frage geht Martin Heidegger in seinem Vortrag »Die Frage nach der Technik« nach, der in engem Zusammenhang mit den Aufsätzen über das Kunstwerk, das Ding, über »Bauen Wohnen Denken« und über Friedrich Hölderlins Zeile »dichterisch wohnet der Mensch« steht (vgl. Heidegger 1954). In seiner Reflexion über das Ding provoziert Heidegger seine Leser, die in Angst vor der Atombombe leben und dabei gar nicht gemerkt hätten, dass das Entsetzliche schon geschehen sei (1954b, 168).

Wann ist es denn geschehen, möchte auch der heutige Leser wissen und findet heraus, dass es im Übergang von einer ursprünglichen oder eigentlichen Technik zur modernen Technik des Walter Faber stattgefunden habe. Und wie Hanna ihrem Liebhaber, so erklärt Martin Heidegger seinen Lesern, dass dieses Entsetzliche in einem Verlust besteht, der sich unter anderem als Verlust des Erlebens in der beschleunigten Welt beschreiben lässt und somit als Verlust des menschlichen Maßstabs. So bemerkt auch Heidegger, dass »alle Entfernungen in der Zeit und im Raum« einschrumpfen. Das Entsetzliche daran bestehe nun darin, dass Technik und Mensch dabei aus ihrem vormaligen Wesen herausgesetzt oder »ent-setzt« würden, »daß nämlich trotz allem Überwinden der Entfernungen die Nähe dessen, was ist, ausbleibt« (Heidegger 1954b, 167f.).

Damit unterscheidet Heidegger ein vormaliges von einem modernen Wesen der Technik, wobei die moderne Technik den Blick auf die vormalige Technik verstellt. Ehe wir im nächsten Abschnitt auf die These eines derartigen Epochenbruchs eingehen, muss zunächst einmal rekonstruiert werden, was Heidegger mit dem vormaligen, vielleicht ursprünglichen oder eigentlichen Wesen der Technik meint, die offenbar eine Technik der Nähe und des menschlichen Maßstabs ist. »Technisch« an der von Heidegger zitierten silbernen Opferschale ist nämlich nicht etwa der Gegenstand selbst als menschliches Artefakt einer gewissen Größe und mit einem gewissen Nutzen. »Technisch« ist vielmehr das Hervorbringen dieser Schale, was wiederum mehr ist als die handwerkliche Tätigkeit, die hierfür erforderlich ist. Auf vierfache Weise sei die Schale verursacht oder verschuldet: Die Schale entsteht für einen Zweck und aus einem Stoff, gemäß einer Formvorstellung durch den bewirkenden Eingriff.

Mit diesen vier Dimensionen des Gestaltens verweist Heidegger auf die Philosophie des Aristoteles (384 – 322 v. Chr.), der seine ganz allgemeine und auch auf die Natur anwendbare Ursachenlehre am Beispiel eines Kunsthandwerkers entwickelt. Danach ist alles, was entsteht, vier Ursachen geschuldet. Die *causa materialis* ist die stoffliche Vorgabe, die je nach Beschaffenheit des Stoffs Möglichkeiten und Grenzen der Bearbeitung vorgibt. Damit eine Schale als Schale fungieren kann, muss sie der Schalenform genügen, die als *causa formalis* wirkt. Die im Zusammenhang des modernen naturwissenschaftlich-technischen Denkens geläufigste Form der Verursachung ist die Wirkursache oder *causa efficiens*, also der Anlass oder Eingriff, der der Tätigkeit des Künstlers oder Ingenieurs entspricht und die Gestaltung der Schale zeitigt. Die End- oder Zweckursache bzw. *causa finalis* gibt schließlich die Bestimmung vor, der die Schale zugeführt werden soll. Sie ist der intendierte Nutzen oder Gebrauch der Silberschale, auf den hin sie überhaupt erst gefertigt wird – wichtig gerade auch darum, weil der intendierte Gebrauch über den Konsum oder die instrumentelle Funktion hinausgehen und in der Vollendung des Rituals bestehen kann. Das »Technische« an der silbernen Opferschale sind diese vier Arten des Verursachens, insofern diese nämlich bei ihrer Herstellung zusammenspielen. Heideggers Bezug auf Aristoteles geht somit über das Zitat der vier Ursachen weit hinaus und umfasst die grundlegendere Vorstellung von Technik als einer »hervorbringenden Tätigkeit«, die die verschiedenen Ursachen oder Kräfte in sich versammelt.

Aristoteles unterscheidet Wissenschaft, hervorbringende Tätigkeit und nach außen gerichtetes Handeln: *theoria*, *poiesis* und *praxis* (Aristoteles 1985, 134 f.; 1140a-1140b, vgl. Arendt 1967, 16 f.). Das Herstellen und Hervorbringen betrachtet er als eine Form des Wissens, allerdings als Wissen in einem Bereich, in dem alles auch anders sein kann und in dem es keine theoretisch begründete Notwendigkeit gibt. Auch dem Handeln wird es an die Seite gestellt, insofern es auf Übung und Aneignung von Fertigkeiten beruht. Das »gute« und »schlechte« Herstellen unterscheidet sich aber vom ethisch und politisch relevanten »guten« und »schlechten« Handeln. Die Unterscheidung von theoretischer Wissenschaft, handelndem Zusammenleben und hervorbringender Tätigkeit trifft beispielsweise Aristoteles so:

»Da auch die Physik eine Wissenschaft ist, welche eine Gattung des Seienden behandelt – nämlich dasjenige Wesen, welches das Prinzip der Bewegung und der Ruhe in sich selber hat –, so ist sie offenbar weder eine praktische noch eine hervorbringende Wissenschaft. Denn bei den auf das Hervorbringen gerichteten Wissenschaften ist das Prinzip in dem Hervorbringenden, sei es Vernunft oder Kunst oder irgendein Vermögen, das Prinzip aber der Wissenschaften, welche auf das Handeln gehen, liegt in dem Handelnden, nämlich dem Entschluß; denn der Gegenstand der Handlung und des Entschlusses ist derselbe.« (Aristoteles 1995a, 125; 1025b)

Die Natur enthält also die Prinzipien der Bewegung und Ruhe, ihre Wirk- und Endursachen in sich selbst. Die Entwicklungsprinzipien der Technik liegen hingegen zumindest teilweise außerhalb ihrer selbst, nämlich in den vorgegebenen Zielen und wirksamen Eingriffen des Menschen. Noch einmal etwas anderes ist das Prinzip der bewussten Wahl, das das Handeln des Menschen bestimmt.

Diese grundsätzliche Unterscheidung hat sich von Aristoteles bis in die Gegenwart durchgehalten (vgl. Schiemann 2005) und wird nicht nur in Heideggers Technikphilosophie ausgeweitet und vertieft. In abgewandelter Form und weiter differenziert taucht sie etwa bei Hannah Arendt (1906–1975) auf. Arendt unterscheidet zunächst die *vita activa* von der *vita contemplativa* und die *vita activa* wiederum dreifach in Handeln, Arbeiten und Herstellen, wodurch Ethik und Politik zunächst scharf von der Technik getrennt werden: »Das Handeln ist die einzige Tätigkeit der Vita activa, die sich ohne die Vermittlung von Materie, Material und Dingen direkt zwischen Menschen abspielt.« (1967, 17) Dagegen ist Arbeit Erhalt und Reproduktion des Lebens und zielt auf Sicherung der Lebensnotwendigkeiten. Das Herstellen produziert schließlich eine von der Natur unterschiedene Dingwelt, in der das menschliche Wesen zu Hause ist. Nachdenklich und aktiv lebend, handelnd und arbeitend ist der Mensch nach Arendt nämlich von Natur aus in der Natur heimatlos. Die von Menschen hergestellte Welt ist die ihnen gemäße, denn was hervorgebracht wird, ist eben nicht allein aus der Natur hervorgebracht, sondern enthält die Zweckorientierung und die wirkende Tätigkeit des Herstellens. So stark sich Arendt in anderer Hinsicht von Heidegger abheben mag, so ähnlich ist diese Grundfigur des Menschen, der sich technisch in der Welt einrichtet und ein ihm gemäßes Zuhause schafft, der Figur des Wohnens, die in Heideggers Technikphilosophie eine wesentliche Rolle spielt.

In den Unterscheidungen von Aristoteles, Heidegger und Arendt ist das handwerkliche Hervorbringen zunächst so unpolitisch wie das Wohnen. Dies überrascht insbesondere angesichts des dezidiert politischen Charakters von Arendts Denken. Stimmen diese drei Philosophen also tatsächlich der Schutzbehauptung mancher Wissenschaftler und Ingenieure zu, dass ihre Arbeit ganz wertneutral sei und ethische oder politische Fragen erst mit der Anwendung oder im Gebrauch der Technik entstehen? Im nächsten Abschnitt werden wir am Beispiel Heideggers sehen, dass dies nicht so ist, auch wenn das Sammeln und das Wohnen zunächst ganz unpolitisch sind. Diese Tätigkeiten besagen nur, dass die Menschen sich mithilfe der Technik in der Welt einrichten. Dies tun sie unweigerlich, sie haben sich dazu nicht erst entschließen müssen. In diesem Sinne schaffen sie damit auch nichts Neues, sondern entbergen nur, was dem menschlichen Tätigsein in der Welt gemäß ist. »Dichterisch wohnet der Mensch«, lautet eine Zeile bei Hölderlin, und Heidegger bezieht sie sofort auf die *poiesis* des Aristoteles und die damit gemeinte hervorbringende Tätigkeit des Handwerkers und Künstlers: Als Dichter und technische Konstrukteure nehmen wir Maß, schaffen uns ein Zuhause und bringen somit etwas hervor, das nicht nur wie etwa ein Naturgesetz in der Natur verborgen war und nun als wissenschaftliche Wahrheit an den Tag kommt (Heidegger 1954a, 14). Stattdessen entbergen wir in der Technik unser Verhältnis zu den Dingen, wie und wer wir in der Welt sind.

Mit diesen Überlegungen vertieft Heidegger den von Aristoteles etablierten Unterschied von natürlichen und technischen Dingen: Was von Natur aus ist, hat seine Ursache nur in der Natur (Aristoteles 1995a, 94; 1014b). Dagegen sammeln sich in der Silberschale, dem Krug, dem Gefäß Zwecke, Formideen und der wirkende Eingriff des Handwerkers. All dies wird durch das Hervorbringen des Dings an den Tag gebracht. Das hergestellte Ding ist somit nicht natürlich. Dieser aristotelischen Feststellung fügt Heidegger nun hinzu, dass es stattdessen weltlich sei (1954b, 168).

Im Gegensatz zur modernen Technik und ihren technischen Visionen besteht die von Heidegger mit Bezug auf Aristoteles vorgestellte Technik vor allem im Sammeln und Versammeln, also nicht in Neuerung oder Erweiterung. Hier wird kein technisches Neuland erschlossen oder ein Vorstoß ins Unbekannte unternommen. Wenn Materie und Form, Wirksamkeit und Zweck in der hervorbringenden Tätigkeit zusammengeführt werden, dann findet all das im begrenzten Horizont einer Welt statt und erschließt nicht etwa neue Möglichkeiten, die vorgefundene Grenzen erweitern sollen. Das Bauen eines Hauses ist nichts grundsätzlich anderes als die Wiederherstellung der Gesundheit:

> »Es entsteht nun das Gesunde durch folgenden Gang des Denkens. Da das und das Gesundheit ist, so muß, wenn dieses gesund werden soll, dieses Bestimmte stattfinden, z.B. Gleichmaß. Soll aber dies stattfinden, so muß Wärme vorhanden sein. Und so schreitet man im Denken immer fort, bis man zuletzt zu dem hingelangt, was man selbst hervorbringen kann. Dann wird nun die von hier ausgehende und zum Gesundmachen fortschreitende Bewegung Werktätigkeit genannt. Es ergibt sich also, daß gewissermaßen die Gesundheit aus der Gesundheit hervorgeht, und das Haus aus dem Hause, nämlich das Stoffliche aus dem Nichtstofflichen; denn die Heilkunst und die Baukunst ist die Form der Gesundheit und des Hauses.« (Aristoteles 1995a, 143f.; 1032b)

Was die Kunst oder die Technik macht, ist also immer schon im Geist gewesen: »Wohl aber macht der Werktätige, daß die eherne Kugel ist, er macht sie nämlich aus Erz und Kugel; denn in dies Einzelne bringt er die Form hinein, und das daraus Hervorgehende ist eherne Kugel.« (Aristoteles 1995a, 146; 1033b)

Das Herstellen oder Machen ist auch insofern endlich, als das Herstellen darauf beschränkt ist, Materie und Form nach einem Zweck zusammenzuführen. Die Materie und insbesondere die Form sind ganz im Gegensatz zum heutigen Denken nicht etwa ihrerseits gemacht. Wenn das Machen so tief und etwa bei den Werkstoffen oder dem Formenrepertoire selbst ansetzen würde, hätte das Machen kein Ende »und es würde so das Werden ins Unendliche gehen« (Aristoteles 1995a, 146; 1033b). Es würde gewissermaßen die ganze Natur umfassen, in die die hervorbringende Tätigkeit aber nur eingebettet ist. Die ursprünglich in die Natur eingefasste Technik ist demnach nicht prometheisch. Sie ist nicht kreativ oder schöpft neue Welten aus Kunststoff und Produktdesign, sie ist aber auch nicht zerstörerisch oder verfolgt rastlos eine unstillbare, maßlose Hoffnung. Stattdessen bringt sie nach dem Muster der Landwirtschaft die Dinge hervor – und fügt sich in den Weltenkreis, die Naturzyklen. Sie bewahrt Nähe zu dem, wie die Dinge sind (vgl. Heidegger 1954b).

In einer dritten Hinsicht unterscheidet sich die von Aristoteles und Heidegger vorgestellte Technik von dem, was wir heute wie selbstverständlich mit Technik verbinden. Wenn es erst einmal ein Ziel oder einen Zweck gibt und wenn auf diesen hin der Materie eine gewisse Form verliehen wird, dann unterscheiden sich Natur und Technik nicht mehr. Wenn zum Beispiel ein Haus etwas wäre, das es von Natur aus gibt, dann würde die Natur es genau so bauen, wie es ein Baumeister baut. Umgekehrt kann ein Handwerker nur so herstellen, wie auch die Natur etwas herstellen würde. Und tatsächlich geht die Technik nur insoweit über die Natur hinaus, als sie das vollendet, was in der Natur zwar angelegt ist, was sie von sich aus aber nicht vollbringt (vgl. Aristoteles 1995b, 44 f.; 199a–200a). So wie es der Natur beispielsweise bei der Geburt eines missgebildeten Säuglings nicht gelungen ist, der Materie die übliche Form aufzuprägen, so kann die Technik der Materie Formen geben, zu denen die Natur von allein nicht gekommen ist (vgl. Schiefsky 2007). Wenn es zunächst also widernatürlich erscheint, dass eine kleine Kraft ein großes Gewicht per Hebelwirkung in die Höhe hebt, so ist dies nur scheinbar der Fall: Wollte die Natur einen Stein von hier nach dort bewegen, würde auch sie sich dafür eines Hebels bedienen.

Dass sich heute ein spezialisiertes Forschungsprogramm namens Bionik formiert, das technische Vorgänge am Vorbild der Natur orientieren will, ist ein Beleg dafür, dass diese aristotelische Vorstellung alles andere als selbstverständlich geworden ist.

Die hervorbringende Tätigkeit der Natur, des Handwerkers, des Künstlers bleiben in dieser Vorstellung von Technik eng aufeinander bezogen, und eben dies ist es, woran Heidegger erinnern will: Durch das Her-vor-bringen komme »sowohl das Gewachsene der Natur als auch das Verfertigte des Handwerks und die Gebilde der Kunst jeweils zu seinem Vorschein [...]. Die τεχνη [*techné*] gehört zum Her-vor-bringen, zur ποιησις [*poiesis*]; sie ist etwas ›Poetisches‹.« (1954a, 13 f., vgl. 1954, 43 f.) Erinnern muss Heidegger daran, weil diese ursprüngliche Weise des Hervorbringens hinter einen Begriff von Technik zurückgetreten ist, dem zufolge sie nur etwas Technisches ist und ausschließlich darin besteht, Mittel zum Zweck zu sein oder eine Funktion zu erfüllen. So wie der scharfsinnige Walter Faber blind für die Scherben der antiken Vase ist, so spricht Heidegger angesichts der Opferschale oder eines Krugs beispielsweise davon, dass das Wesen der Technik verborgen oder verstellt werde, dass das Ding als Ding vernichtet sei und nicht zur Erscheinung komme (vgl. 1954a, 28 und 1954b, 172). Der Verlust der Nähe und das noch unbestimmt »Entsetzliche« der modernen Technik verlangen ein andenkendes Besinnen auf das, was Technik sein konnte. Einstmals hieß *techné* nämlich auch das Hervorbringen des Wahren in das Schöne: »Weil das Wesen der Technik nichts Technisches ist, darum muß die wesentliche Besinnung auf die Technik und die entscheidende Auseinandersetzung mit ihr in einem Bereich geschehen, der einerseits mit dem Wesen der Technik verwandt und andererseits von ihm doch grundverschieden ist. Ein solcher Bereich ist die Kunst.« (1954a, 36)

Die Besinnung auf das Hervorbringen in der Natur, im Handwerk oder der Landwirtschaft sowie in der Kunst fasst verschiedene Weisen des Wissens zusammen: Wenn Wahrheit das ist, was nicht mehr verborgen, sondern entborgen ist, dann ist das tätige Herstellen keine wissenschaftlich erklärende, wohl aber eine andenkend die Welt in sich versammelnde Wahrheitssuche (1954b, 180): »Die Technik ist also nicht bloß ein Mittel. Die Technik ist eine Weise des Entbergens. Achten wir darauf, dann öffnet sich uns ein ganz anderer Bereich für das Wesen der Technik. Es ist der Bereich der Entbergung, d.h. der Wahrheit.« (1954b, 13) Und was hier entborgen wird, das ist nicht nur die Natur. Das natürlich Anwesende, so Heidegger, hat den Aufbruch des Hervorbringens, z. B. das Aufbrechen der Blüte ins Erblühen, in sich selbst. »Dagegen hat das handwerklich und künstlerisch Her-vorgebrachte, z.B. die Silberschale, den Aufbruch des Her-vor-bringens nicht in ihm selbst, sondern in einem anderen (εν αλλω), im Handwerker und Künstler.« (1954a, 12 f.) Die von der hervorbringenden Tätigkeit entborgene Wahrheit ist also nicht allein Naturwahrheit, sondern die Wahrheit des in-der-Welt-seienden Menschen, des Menschen als hervorbringendes Wesen.

Die Maschine: Martin Heidegger und Ernst Cassirer

In der silbernen Opferschale bringt der Mensch eine Wahrheit über sich selbst ans Licht, indem er die verschiedenen Weisen des Verursachens in dem produzierten Ding versammelt. Nun kann ein anderes Sinnbild des Technischen auch eine ganz andere Wahrheit über den Menschen ans Licht bringen. So lesen wir in der ersten explizit so genannten Technikphilosophie von Ernst Kapp (1808–1896) aus dem Jahr 1877: »Durch das Rasseln und Klappern, Ächzen und Stampfen von Rädern, Walzen und

Hämmern, durch das Summen und Schwirren des Spinnstuhls, durch den Pfiff der Lokomotive und das Ticken des Telegrafen hindurch vernehmen wir eine Mahnung, daß auch in diesen an ein organisches Vorbild erinnernden Mechanismen das menschliche Wesen sich selbst gegenständlich geworden ist.« (Kapp 1877, 186)

Wir befinden uns im Ausgang des 19. Jahrhunderts, und die Maschinen der Industrialisierung machen sich deutlich vernehmbar. Es sind große, lärmende Maschinen, die sich zu einer Fabrik verbünden und die den Arbeitern als Technik gegenüberstehen, indem sie auf bestimmte Weise bedient werden wollen. Während das Technische an der Opferschale nicht in der Schale selbst bestand, sondern in der Weise ihres Hervorbringens durch den Silberschmied, scheint die Maschine selbst schon das Technische zu sein, in das sich die Arbeitsabläufe ihrer Benutzer einzufügen haben. Die Maschinen sind zwar ebenfalls Erzeugnisse menschlicher Tätigkeit, aber in ihnen hat sich der konstruktive Geist so stark materialisiert, dass sie nun eine eigene Wirklichkeit behaupten, welcher der Mensch fremd und entfremdet gegenübersteht. Wenn in diesem Abschnitt von der Maschine als Sinnbild des Technischen die Rede ist, dann ist damit also nicht jedes Gerät oder jeder Apparat gemeint, in dem diverse Komponenten systematisch zusammenarbeiten, um eine bestimmte Leistung zu erzielen. Vielmehr geht es um eine menschliche Konstruktion, die rein physisch oder als Organisationsform über den einzelnen Menschen weit hinauswächst – um die Maschine in einer Fabrik, wie wir sie aus Charlie Chaplins Film *Moderne Zeiten* kennen: der kleine Chaplin mit dem großen Schraubenschlüssel als Teil eines noch viel größeren Getriebes, das ihn verschluckt, während er es wartet.

Die silberne Opferschale repräsentierte für Heidegger »das vormalige Wesen der Technik« und dient ihm als Bezugspunkt der

Rückbesinnung, wenn er vor der modernen Technik, der industriellen Maschinentechnik entsetzt zurückschreckt. Was nun aber macht diese »moderne Technik« aus?

»Auch sie ist ein Entbergen. [...] Dasjenige Entbergen, das die moderne Technik durchherrscht, entfaltet sich nun aber nicht in ein Her-vor-bringen im Sinne der ποιησις [*poiesis*]. Das in der modernen Technik waltende Entbergen ist ein Herausfordern, das an die Natur das Ansinnen stellt, Energie zu liefern, die *als solche* herausgefördert und gespeichert werden kann. Gilt dies aber nicht auch von der alten Windmühle? Nein. Ihre Flügel drehen sich zwar im Winde, seinem Wesen bleiben sie unmittelbar anheimgegeben. Die Windmühle erschließt aber nicht Energien der Luftströmung, um sie zu speichern.« (1954a, 15)

Hier versucht Heidegger eine grundsätzliche Unterscheidung zwischen der vormaligen Technik des Hervorbringens und der modernen Technik des Herausforderns. Wie alle derartigen Unterscheidungen kann auch diese lebhafte Diskussionen auslösen, wenn es um ihre konkrete Anwendung geht. Hat nicht schon die alte Windmühle ein Ansinnen an die Natur gestellt, Energie zu liefern? Ist sie also wirklich grundsätzlich verschieden von Staudamm und Wasserkraftwerk? Heideggers Antwort wird nicht alle Leser überzeugen: Wenn das Hervorbringen darin besteht, sich in die vier Weisen des Verursachens hineinzustellen, sie walten zu lassen und nur zu versammeln, dann ist eine Windmühle nicht anders als eine Töpferscheibe. Wenn er denn weht, speist sie den Wind in einen Vorgang ein, der Mehl hervorbringt aus geerntetem Korn, indem das Kreisen des Windrads in die Umdrehung des Mühlsteins übersetzt wird. Der moderne Staudamm und das Wasserkraftwerk funktionieren anders: Während der Wind weiterhin weht oder nicht weht, wie es ihm gefällt, wird der Fluss in das Kraftwerk verbaut und wird zum Wasserdrucklieferanten, dessen Beitrag von nun an erwartbar ist. Der Fluss ist ein Energiebestand, dem eine Leistung abverlangt wird, damit diese oder jene Maschine in dieser oder jener Fabrik ihre Arbeit verrichten kann (vgl. 1954a, 16).

Wie scharf sich Windmühle und Opferschale einerseits, Wasserkraftwerk und Maschine andererseits unterscheiden lassen, ist für das Verständnis Heideggers nicht wesentlich, solange wir scharf unterscheiden können zwischen Hervorbringen und Herausfordern als zwei unterschiedlichen Einstellungen oder Zugängen zur Technik. Darum muss es zunächst gehen, ehe schließlich gegen Heidegger eine grundsätzlich andere Bewertung der modernen Technik ins Spiel gebracht werden kann. Diese Unterscheidung von Hervorbringen und Herausfordern macht nämlich deutlich, dass Heideggers Technikkritik keine Kritik an der Technik schlechthin ist, schon gar kein Ruf nach einem romantisch-vortechnischen Naturzustand. Einerseits kritisiert er nur eine Verirrung in der Praxis des Entbergens, etwa so, wie heute in Nachhaltigkeitsdebatten, in Programmen für erneuerbare Energie oder bio-inspirierte Technik alternative technologische Ansätze diskutiert werden. Andererseits ist das von Heidegger kritisierte technologische Programm so eng und so grundsätzlich mit der Entwicklung des modernen Denkens verknüpft, dass eine bloße Rückbesinnung auf die Silberschale gar nicht ausreichen würde, um uns vor dem zu retten, was an Entsetzlichem im Übergang zur modernen Technik schon geschehen ist.

Die grundsätzliche Verknüpfung der modernen Technik mit der Entwicklung des Denkens wird beispielsweise dort deutlich, wo Heidegger den Naturforscher Werner Heisenberg zitiert:

»Indessen spreizt sich gerade der [...] Mensch in die Gestalt des Herrn der Erde auf. Dadurch macht sich der Anschein breit, alles was begegne, bestehe nur, insofern es ein Gemächte des Menschen sei. Dieser Anschein zeitigt einen letzten trügerischen Schein. Nach ihm sieht es so aus, als begegne der Mensch überall nur noch sich selbst. Heisenberg hat mit vollem Recht darauf hingewiesen, daß sich dem heutigen Menschen das Wirkliche so darstellen muß. [...] *Indessen begegnet der Mensch heute in Wahrheit gerade nirgends mehr sich selber, d.h. seinem Wesen.*« (1954a, 28)

Hier wird in der Tat eine fundamentale Verirrung beschrieben. Der Zivilisationskritiker meint, die Menschen würden in der von ihnen geschaffenen Dingwelt überall nur noch sich selbst und nirgendwo mehr etwas würdevoll Anderem, unberührt Natürlichem, wirklich Widerständigem begegnen. Aber wer sich da immer nur selbst begegnet, so Heidegger, ist auch kein Mensch im ursprünglichen Sinne mehr, sondern hat sich selbst schon zum Teil seiner Dingwelt gemacht. Er ist ebenso von sich wie von der Natur entfremdet. Hier taucht – auf die Technik gemünzt – ein Motiv auf, das Heidegger in eine Traditionslinie mit Jean-Jacques Rousseau, der Romantik und sogar dem Marxismus stellt. Der von sich selbst und der Natur entfremdete Mensch begegnet in der modernen Welt überall nur seinen eigenen Erzeugnissen. Er begegnet sich hierbei nicht als Hervorbringender in der Tätigkeit des Hervorbringens, sondern schon entborgen oder gegenständlich geworden. So wie die Technik nicht mehr in der tätigen Zusammenführung der vier Ursachen besteht, sondern vergegenständlicht in der Maschine, so begegnet der Mensch sich permanent selbst nicht als einer, der sein Wesen als ein In-der-Welt-Seiender poetisch entbirgt, sondern seinerseits vergegenständlicht als fertiges Subjekt gegenüber dem technischen Objekt, als Nutzer oder Erfinder oder Gegenspieler der Technik.

Auch Hannah Arendt bedient sich bei Heisenberg, um eine moderne Welt zu beschreiben, die uns aus der Natur heraus in eine Dingwelt technischer Vermittlungen und Prozesse stellt:

»Das Naturbild der modernen Physik, dessen Anfänge man bis auf Galilei zurückverfolgen kann und das dadurch entstand, daß das Vermögen des menschlichen Sinnesapparats, Wirklichkeit zu vermitteln, in Frage gestellt wurde, zeigt uns schließlich ein Universum, von dem wir nicht mehr wissen, als daß es in bestimmter Weise unsere Meßinstrumente affiziert. [...] Anstatt mit objektiven Eigenschaften, mit anderen Worten, finden wir uns mit den von uns selbst erbauten Apparaten konfrontiert, und anstatt der Natur oder dem Universum begegnen ›wir gewissermaßen immer nur uns selbst‹.« (Arendt 1967, 333)

Die Technik kommt in die hier beschriebene Wissenschaft über das Experiment hinein. Was das Experiment darstellt, das sind Prozesse, in denen irgendwelche Chemikalien oder andere Gegenstände aus der Natur eine bloße Prozessfunktion wahrnehmen: Ihre objektiven Eigenschaften interessieren nur insoweit, als sie einen Anstoß dafür bieten, dass sich etwas der messsenden Beobachtung Zugängliches vollzieht. Interessant ist also nicht das Sein der Dinge, ihre materielle und formale Beschaffenheit oder ihre eigene Bewegung auf das ihnen bestimmte Wachstums- oder Verwitterungsziel hin. Vielmehr interessieren die Prozesse, die sie auslösen können oder denen sie sich verdanken: »Sein wird überhaupt nur noch als Prozeß erfahren. Und wenn es einst zum Wesen des Seins gehörte, daß es sich zeigte und in Erscheinung trat, so liegt es im Wesen des Prozesses, daß er selbst unsichtbar bleibt, daß sein Vorhandensein nur aus bestimmten Daten, die nicht eigentlich mehr Phänomene sind, erschlossen werden kann.« (1967, 377 f.)

Was im poetischen Hervorbringen in Erscheinung tritt, das war laut Heidegger Wahrheit im griechischen Wortsinn von αληθεια, *Unverborgenheit.* Auch die moderne Technik und Wissenschaft sei eine Weise des Entbergens, aber der ausgelöste und gemessene Prozess bleibt so unsichtbar, wie eine »Ursache« und ihre »Wirkung« etwas Unsichtbares sind. Im Experiment sichtbar und erfahrbar ist nur eine Folge von Zuständen, von denen wir die einen »Ursache« nennen und die anderen »Wirkung«. Das Recht dazu gibt uns der von uns vorausgesetzte oder erschlossene unsichtbare Prozess, der im Experiment von einem Zustand zum anderen führt. Was im Experiment hergestellt wird, kommt somit nicht wie die Silberschale vor unseren Augen anschaulich zum Vorschein. Stattdessen verselbständigt sich im Labor, aber auch in einer Maschine das Herstellen und wird ein Herstellungsprozess (Arendt 1967, 388), in dem das besondere Sein der Dinge ausgelöscht wird und stattdessen ein Material mit bestimmten Eigenschaften zu einem spezifizierten Produkt »prozessiert« wird.

Langsam nimmt Kontur an, was Heidegger meinen könnte, wenn er die fundamentale Verirrung der modernen Technik und der modernen Welt diagnostiziert. Sie besteht in einer die Natur herausfordernden statt das Sein hervorbringenden Technik. Sie besteht darin, dass der Mensch, der sich überall nur noch selbst zu begegnen meint, seinem Wesen überhaupt nicht mehr begegnet, das er nur durch tätiges Herstellen hervorbringen könnte. Wo stattdessen aber Prozesse ausgelöst, gemessen, genutzt werden und nicht mehr das Sein zur Erscheinung gebracht wird, befinden wir uns in einer »Seinsvergessenheit« und haben damit Heideggers Schlagwort für die gemeinte Verirrung: An die Stelle des Wohnens in der Welt tritt die Beherrschung der Natur, an die Stelle des am menschlichen Maß orientierten Dichtens tritt die ins Unendliche zielende Berechnung, an die Stelle des Sammelns oder Versammelns tritt ein forderndes Ansinnen. Und nachdem vor allem die Tätigkeit der Natur im alten Ackerbau oder der Windmühle als Geschenk angenommen wurde und in das Erzeugnis einfloss, verlassen wir uns nun auf die gesetzliche Regelmäßigkeit von Naturprozessen, deren kalkulierbaren Beitrag das moderne technische Denken einfordert. Diese Kontrastierung lässt sich fortsetzen und mag stereotyp erscheinen, etwa wenn die Bauern, die bescheiden ihr Feld bestellen, durch eine moderne Technik verdrängt werden, die der Natur und ihren Ressourcen im großen Stil nachstellt. Die Opferschale wird als Sinnbild der Technik von der Maschine verdrängt, die Windmühle von Staudamm und Wasserkraftwerk, das weltliche Ding vom entfremdeten Gegenstand, die unvermeidliche Nähe im poetischen Hervorbringen von einer Beschleunigung, die Entfernungen überwindet, ohne dass sich Nähe einstellt.

So monoton die Gegenüberstellung der vormals guten und nun verirrten Technik auch sein mag, verdeutlicht sie doch Heideggers technikphilosophische Kernaussage: Das Wesen der Technik ist nichts Technisches. Es ist eine Weise des Entbergens, die eine Wahrheit ans Licht bringt. Das poetische Hervorbringen ist eine Weise des Entbergens und sie bringt nicht nur Silberschalen, sondern den Menschen als tätig hervorbringendes Wesen ans Licht. Das berechnende Herausfordern der modernen Technik ist eine andere Weise des Entbergens und sie bringt nicht nur Maschinen, sondern den seinsvergessenen modernen Menschen ans Licht. Das berechnende Herausfordern stellt nämlich nicht nur ein »Ansinnen an die Natur, Energie zu liefern«, sondern setzt hierzu einen fordernden Menschen voraus, der sich seinerseits genötigt sieht, Forderungen zu stellen und zu befriedigen:

> »Nur insofern der Mensch seinerseits schon herausgefordert ist, die Naturenergien herauszufördern, kann dieses bestellende Entbergen geschehen. [...] Der Forstwart, der im Wald das geschlagene Holz vermißt und dem Anschein nach wie sein Großvater in der gleichen Weise dieselben Waldwege begeht, ist heute von der Holzverwertungsindustrie bestellt, ob er es weiß oder nicht. Er ist in die Bestellbarkeit von Zellulose bestellt, die ihrerseits durch den Bedarf an Papier herausgefordert ist, das den Zeitungen und illustrierten Magazinen zugestellt wird.« (1954a, 18 f.)

Heideggers Wortspiel führt zum zentralen Begriff des »Gestells«, mit dem er die moderne Technik, aber auch die Verfangenheit der Menschen in ihrem seinsvergessenen Wesensbereich bezeichnet. Seine Begriffsbestimmung verdichtet Heideggers Auffassung der modernen Technik: »Das Gestell ist das Versammelnde jenes Stellens, das den Menschen stellt, das Wirkliche in der Weise des Bestellens als Bestand zu entbergen. Als der so Herausgeforderte steht der Mensch im Wesensbereich des Gestells.« (1954a, 21 und 24 f.) Das »Versammelnde des Stellens«, das auch den Menschen selbst stellt, ist offenbar eine gewisse Haltung gegenüber der Natur, die diese als bloßen Bestand oder naturwissenschaftlich als Zusammenhang kalkulierbarer Kräfte auffasst. Als Ausdruck einer solchen Haltung, die der Mensch einnimmt, ist somit auch die moderne Technik kein bloßes Mittel zum Zweck und auch kein bloß menschliches Tun, sondern wächst über den Menschen hinaus. Auch das menschliche Tun ist schließlich nur hineingestellt in den größeren Zusammenhang einer herausfordernden Erwartungshaltung an Mensch und Natur (1954a, 22).

Mit ihrer Weise des Entbergens versammelt die moderne Technik somit Menschen und Dinge in einer fatalen Konstellation, die Heidegger als Schicksal bezeichnet und auch als Gefahr. Wo die Natur als ein Zusammenhang berechenbarer Kräfte gedacht wird, der vom Menschen technisch funktionalisiert werden kann, da werden Natur und Mensch zu bloßen Ressourcen oder einem Bestand. Eine Maschine verlangt, auf eine bestimmte Weise bedient zu werden, und verwandelt somit den Menschen in ein ihr angepasstes Maschinenwesen. Genauso verlangt die Beherrschung eines Naturzusammenhangs berechenbarer Kräfte einen Menschen, der seinerseits berechnend, berechenbar und beherrschbar ist.

In der vormaligen Technik entbirgt sich der Mensch als poetisch hervorbringendes Wesen, unter den modernen Bedingungen des Gestells begegnet der Mensch seinem Wesen nicht mehr. Stattdessen entbirgt die Technik ihn als bloßen Bestand, der von sich selbst und anderen Menschen, von Industrie, Staat und Kommerz, aber auch von den von ihm selbst konstruierten Maschinen herausgefordert wird, seinen verlässlichen Beitrag zu leisten. Damit sind wir bei Heideggers antimodern-kulturkritischer Pointe angelangt, die sprachlich eigenwillig wirkt, aber technikphilosophisch keineswegs isoliert dasteht. Was bei Heidegger das Mensch und Maschine umfassende Gestell ist, taucht in anderen Auseinandersetzungen mit der industriellen Maschinenwelt des 19. und 20. Jahrhunderts als Vorstellung einer Megamaschine auf, die von Menschen zwar geschaffen, aber nicht beherrscht wird, und zu deren Getriebe der Mensch selbst zählt. Diese Vorstellung geistert in unterschiedlicher Form durch das späte 19. und das 20. Jahrhundert, sie gehört zu einer der hauptsächlichen Streitfragen in den Anfängen der Technikphilosophie (vgl. Dessauer 1956). Hier kann sie nur punktuell ausgeleuchtet werden.

Nach Heideggers Entwurf wird der Mensch erst mit der modernen Technik in ein Maschinenzeitalter gestellt. Andere Autoren bestreiten den Bruch zwischen vormaliger und moderner Technik. Sie stellen die Herausbildung der Maschine als Höhepunkt einer kontinuierlich fortschreitenden Technikgeschichte dar. Auch hier geht es um philosophische Anthropologie im oben skizzierten Sinn, also um die Frage, was für ein Mensch das ist, der sich im Verhältnis zu den Dingen zur Geltung bringt: »Hervor aus Werkzeugen und Maschinen, die er geschaffen, aus den Lettern, die er erdacht, tritt der Mensch, der *Deus ex Machina*, Sich Selbst gegenüber!« Mit diesen Worten beschließt beispielsweise Ernst Kapp seine *Grundlinien einer Philosophie der Technik* (1877, 351).

Als Gott trete der Mensch aus der Maschine heraus sich selbst gegenüber und in diesem Gott erkenne der Mensch sich selbst.

Diese Pointe beschließt eine als kontinuierlich dargestellte Geschichte der »Organprojektion«, wonach die Technik eine Objektivierung und Erweiterung unserer Organe ist; zunächst und vor allem unserer Hände, aus denen sich die elementaren Werkzeuge wie Hammer oder Schraubenzieher ableiten lassen. Schon angesichts dieser Werkzeuge kommen wir zu einer Art Selbsterkenntnis. Kapp zitiert den Philosophen Ludwig Feuerbach, dem zufolge der Gegenstand des Menschen nichts anderes sei als sein gegenständliches Wesen selbst (Kapp 1877, 138). Was Heidegger über den seinsvergessenen, von sich selbst entfremdeten Menschen sagt, der sich in den technisch produzierten Gegenständen selbst begegnet, soll hier für die menschliche Tätigkeit schlechthin gelten. Schon unsere einfachen Werkzeuge seien ein äußeres Bild unserer physischen Konstitution. Im Fortschritt der Technik schreite nun auch diese Vergegenständlichung fort, bis uns in der Maschine schließlich unser nach außen projiziertes Gehirn gegenübertritt und wir uns in ihr verstehen lernen.

»Weil Werkzeuge und Maschinen weder auf den Bäumen wachsen, noch als Göttergeschenke fertig vom Himmel herabfallen, sondern, ›weil wir sie selbst gemacht haben‹, tragen sie als Producte dieses Selbst das deutliche Gepräge des bald unbewußt findenden, bald bewußt erfindenden Geistes. Daher geben sie in der Rückbeziehung auf ihre Zeugungsstätte Erklärung und Aufschluss über die organische Thätigkeit selbst, welcher sie wie das Nachbild dem Vorbild ihre Entstehung verdanken, und müssen als eins der wichtigsten Momente gewürdigt werden sowohl für die Erkenntnislehre im allgemeinen, wie für die Entwickelung des Selbstbewußtseins im besonderen.« (1877, 172)

Für seine Analyse bezieht sich Kapp auf das äußerst einflussreiche Lehrbuch des Ingenieurs Franz Reuleaux (1829 – 1905). Es erschien 1875 unter dem Titel *Theoretische Kinematik: Grundzüge einer Theorie des Maschinenwesens*. Das Buch liefert eine formalwissenschaftliche Darstellung der Maschine als einer Art von Sprache, die aus einem Alphabet besteht, in der gewisse logische Schlüsse gezogen werden, von denen einige gültig, andere ungültig sind. Mit der schließlich erreichten Repräsentation des rationalen Denkens in der Maschine gehe die sittliche Vervollkommnung des Menschen einher: Die Maschine ist somit in jeder Hinsicht eine Kulturleistung. Ernst Kapp zitiert hierzu die folgende Passage von Reuleaux:

> »Das ganze innere Wesen der Maschine ist [...] das Ergebnis einer planvollen Beschränkung, ihre Vervollkommnung bedeutet die zunehmende kunstvolle Einengung der Bewegung bis zum vollen Ausschluss jeder Unbestimmtheit. An dieser Steigerung der Beschränkung hat die Menschheit durch Aeonen gearbeitet. Suchen wir eine Parallele hierzu auf anderen Gebieten, so können wir sie wohl in dem grossen Problem der menschlichen Gesittung finden. Dieser gehört im Grunde genommen die Entwickelung des Maschinenwesens als ein Factor an, indem sie zugleich ihr verschärftes Gegenbild vor Augen führt.« (Kapp 1877, 342; vgl. Reuleaux 1875, 238)

Die Entwicklung menschlicher Gesittung lässt sich freilich mit einer Steigerung der Beschränkung und der Bestimmtheit des Handelns assoziieren. Und so entsteht bei Reuleaux und Kapp eine Verknüpfung der Maschine und des Staates als komplementäre Konstruktionen, in denen sich der menschliche Geist vergegenständlicht. Dem entspricht die Unterordnung des Einzelwillens unter einen höheren Willen, was als Zeichen der Sittlichkeit gewertet werden kann, aber auch als eines der mechanischen oder militärischen Disziplin. Als höchste Kulturleistung erscheint hier, was Heidegger kritisch mit dem Gestell meint oder was Lewis Mumford (1895–1990) in seinem *Mythos der Maschine* als Megamaschine bezeichnet.

Bei Kapp und Heidegger entbirgt sich der Mensch und begegnet sich selbst durch die Technik. Kapp hatte dies anders gedeutet als Heidegger, indem er es positiv wendete und als einen kontinuierlichen Kulturfortschritt darstellte. Mumford verfolgt zwar ein wiederum verwandtes Projekt, widerspricht dabei aber sowohl Kapp als auch Heidegger. Auch er bezieht die Entwicklung der Technik auf das Wesen des Menschen. Wir können »die Rolle, die die Technik in der menschlichen Entwicklung gespielt hat, nicht ohne tiefere Einsicht in das historische Wesen des Menschen verstehen« (Mumford 1977, 14). Mit dieser Einsicht argumentiert Mumford gegen Heideggers These eines radikalen Übergangs von einer ursprünglichen zu einer modernen Technik (1977, 13 f.), aber auch gegen Kapps organisches und daher unhistorisches Menschenbild. So bestreitet Mumford, dass das Werkzeug eine Erweiterung der Hand zur Beherrschung der Natur ist. Seines Erachtens geht es in der Technik nicht um Organerweiterung zwecks Naturbeherrschung, sondern um die latenten Fähigkeiten des Menschen, »seine überorganischen Bedürfnisse und Wünsche adäquater zu erfüllen« (1977, 19). Überorganisch sind dabei solche Bedürfnisse und Wünsche, die – philosophisch ganz traditionell – nicht mit der Naturbestimmtheit, sondern mit der Freiheit des Menschen verbunden sind. Es geht also nicht darum, auch das höchstentwickelte Organ, unser Gehirn, zu vergegenständlichen, vielmehr setzen wir es frei ein zur »bewußten, zweckmäßigen Selbstidentifizierung, Selbstveränderung und letztlich Selbsterkenntnis« (1977, 21). Die Selbsterkenntnis des Menschen als historisch veränderliches Wesen findet somit nicht unmittelbar in der Maschine statt, sondern folgt aus seiner zweckmäßigen Selbstidentifizierung und Selbstveränderung gerade auch mittels der Technik. Diese Selbsterkenntnis entsteht also nicht von allein im Zuge eines geradezu naturwüchsig fortschreitenden Prozesses der Vergegenständlichung, sondern erst im Zusammenhang einer bewusst von Menschenhand technisierten Welt.

In dieser Hinsicht wendet sich Mumford zumindest implizit auch gegen Heideggers Unterscheidung von Herstellen und Handeln. Das Herstellen entberge Mensch und Ding, wie sie in der Welt sind, sei es ihrem Wesen nach oder im modernen Zusammenhang des Gestells. Damit ist aber verschwiegen, dass das Herstellen immer auch auf andere Menschen gerichtet ist und andere Menschen einbezieht, dass die Technik also gerade dort eine soziale Welt schafft, wo sie gleichzeitig die Welt entbirgt. Statt mit Heidegger recht einzelgängerisch zu sagen, der Mensch mache sich mit der Technik ein Heim, gibt es für Mumford keine Technik ohne Organisationsform und daher auch nicht ohne Handlungszusammenhang. Dank einer historisch-politisch organisierten Arbeitsteilung schaffen Menschen einander eine Dingwelt. In dieser bewusst geschaffenen Organisationsform taucht nun die Megamaschine auf.

Für eine Definition der Maschine zitiert auch Lewis Mumford die *Theoretische Kinematik*, das Standardwerk von Franz Reuleaux. Eine Maschine sei eine Kombination resistenter Teile, von denen jedes eine spezielle Funktion habe. Sie operiere unter menschlicher Kontrolle, um Energie zu nutzen und Arbeit zu verrichten (Mumford 1977, 222; vgl. Reuleaux 1875, 38). Mumford meint nun, dass dieser Definition zufolge die Entstehungsgeschichte der Maschine mindestens fünftausend Jahre zurückreicht. Seinerzeit war die Maschine noch unsichtbar und die bloße Organisationsform, welche erst die Voraussetzung für die sichtbaren Maschinen von Reuleaux schafft: »die mechanischen Kräfte mußten erst *sozialisiert* werden, ehe die Maschine selbst voll mechanisiert werden konnte« (Mumford 1977, 225).

Nur mit einer unsichtbaren Arbeitsmaschine ließen sich vor fünftausend Jahren die Pyramiden bauen. Obgleich ihre Komponenten »aus menschlichen Knochen, Nerven und Muskeln« bestanden, waren diese Komponenten der Maschinen definitionsgemäß »auf ihre rein mechanischen Elemente reduziert und streng auf die Ausführung begrenzter Aufgaben zugeschnitten. [...] Das Geheimnis der mechanischen Kontrolle bestand darin, daß ein einziger Kopf mit genau bestimmtem Ziel an der Spitze der Organisation war und daß es eine Methode gab, Anweisungen über eine Reihe von Funktionären weiterzugeben, bis sie die kleinste Einheit erreichten.« (1977, 222)

Diese soziale Arbeitsmaschine geht bei Mumford der voll mechanisierten Maschine voraus. Hier wird der Unterschied zu Kapp besonders deutlich: Während sich bei Kapp das Organische naturwüchsig fortschreitend im Mechanischen vergegenständlicht, ist es bei Mumford die freie, geistige Erfindung einer Organisationsform, die die mechanischen Kräfte schon zu nutzen weiß, ehe sie sich arbeitssparend in einer voll mechanischen Maschine materialisiert. In der strengen, womöglich totalitären Ordnung der Arbeitsorganisation sind die mechanischen Kräfte noch sozialisiert und somit in die Struktur der Gesellschaft eingeschrieben. Nicht die menschlichen Organe, sondern das Zusammenspiel der nicht nur herstellenden, sondern auch handelnden Menschen ist das Vorbild für das Zusammenspiel von Winden, Zahnrädern, Schrauben und Hebeln. Es ist das Vorbild für »die extravaganten Hoffnungen und Wünsche [...], die in unserem Zeitalter überreichlich in Erfüllung gegangen sind« (1977, 220). Das produktive Versprechen der Maschine auf die Befreiung des Menschen von gewissen Arbeitsformen kommt also nicht ohne die negativen, gewaltsamen und oft destruktiven Kräfte aus, die die gesellschaftlichen Voraussetzungen für das Funktionieren der Maschinen bilden. Und wenn der Mensch sich in der Maschine selbst erkennt, so erblickt er in ihr nicht sein eigenes, organisches Wesen, sondern die Organisation seiner Gesellschaft, also die Megamaschine, in der er selbst nur eine Systemkomponente ist. Indem sich der freie Mensch aber als Bestandteil einer Maschinenkultur wiedererkennt, kann er sich durch bewusste Selbstidentifikation und Selbstveränderung auch gegen die nur scheinbar allumfassende Megamaschine wenden.

Es ist also eine Kulturleistung, sich in der Maschine selbst zu erkennen, sei es wie bei Reuleaux als sittliches Wesen oder wie bei Mumford als historisches Wesen. Damit erreichen wir schließlich eine Kulturphilosophie der symbolischen Formen, die mit großer Strenge die moderne Technik als Vergegenständlichung des Menschen versteht. Sie fasst diese Vergegenständlichung aber nicht naiv-optimistisch als Fortschrittsgeschichte oder Romanze auf, in der sich der Mensch zum Gott macht. Sie fasst sie aber auch nicht pessimistisch als bloße Entfremdungsgeschichte oder Tragödie auf, um gegen das Gestell oder die Megamaschine zu rebellieren.

In »Form und Technik«, einem Aufsatz aus dem Jahr 1930, konfrontiert Ernst Cassirer (1874–1945) das magische Wünschen des *homo divinans* mit dem technischen Wollen des *homo faber*. Der Magie und der modernen Technik liegt nämlich gleichermaßen die Vorstellung zugrunde, dass wir Kontrolle über die Natur ausüben und sie uns gefügig machen können. Der entscheidende Unterschied liegt nun darin, wie diese Kontrolle behauptet wird. Der die Welt ahnende *homo divinans* projiziert, was in ihm selbst vorgeht, in die Außenwelt hinein, »Triebe und Willensregungen werden als Kräfte gedeutet, die unmittelbar in das Geschehen eingreifen und es lenken und umgestalten können« (Cassirer 1930, 34). Hier regiert also das bloße Wünschen, an dessen Stelle beim handwerklichen *homo faber* die Macht des Willens tritt. Im Gegensatz zum Wünschen ist das Wollen heroisch an der Wirklichkeit gestählt:

»Die *Durchführung* des Willens kann niemals in der bloßen Steigerung seiner selbst gelingen; sondern sie verlangt, daß der Wille in eine ihm selbst ursprünglich fremde Ordnung eingreift, und daß er diese Ordnung als solche weiß und erkennt. Dieses Erkennen ist immer zugleich eine Weise des An-Erkennens. Der Natur wird jetzt nicht, wie in der Magie, das eigene Wünschen und Wähnen bloß untergeschoben, sondern es wird ihr ein eigenes unabhängiges Sein zugestanden. Und in dieser Selbstbescheidung erst ist der wahrhafte Sieg des Gedankens errungen. [...] der Sieg über die Natur läßt sich nur auf dem Wege des Gehorsams gegen sie erreichen.« (Cassirer 1930, 59f.)

Auch Cassirer knüpft mit kritischer Distanz an Kapps These an, dass die Technik ein Medium der Selbsterkenntnis sei. Der von ihm beschriebene Gehorsam gegen die Natur besteht in der Anerkennung ihrer Gesetze und ihrer Widerständigkeit, bedeutet aber nicht, dass die moderne Technik ihrem Vorbild unmittelbar folgt. Tatsächlich kommt sie erst zu ihrem Sieg und ihrem Recht, wenn sie sich von dem Vorbild der Natur freigemacht und losgesagt hat. Und hier bezieht sich auch Cassirer auf Reuleaux:

»Als das Grundprinzip, das die gesamte Entwicklung des modernen Maschinenbaus beherrscht, hat man den Umstand bezeichnet, daß die Maschine nicht mehr die Handarbeit oder gar die Natur nachzuahmen sucht, sondern daß sie bestrebt ist, die Aufgabe mit ihren eigenen, von den natürlichen oft völlig verschiedenen Mitteln zu lösen. Mit diesem Prinzip und seiner immer schärferen Durchführung hat die Technik erst ihre eigene Mündigkeit erlangt. Jetzt richtet sie eine neue Ordnung auf, die nicht in Anlehnung an die Natur, sondern nicht selten in bewußtem Gegensatz zu ihr gefunden wird.« (Cassirer 1930, 73; vgl. Reuleaux 1875, 73)

Diese neue Ordnung beginnt bereits mit dem bewussten Gebrauch des Werkzeugs, das seinen Nutzer auf den Gedanken der Kausalität und damit auf die »rein gegenständliche« Verknüpfung der Dinge untereinander bringt, die den Einfluss unseres bloßen Wünschens und Denkens ausschließt (Cassirer 1930, 64).

> »Das Wunsch- und Traumland, in das die Magie den Menschen eingehüllt hatte, ist zerstoben; er sieht sich hinausgewiesen in eine neue Wirklichkeit, die ihn mit ihrem ganzen Ernst und mit ihrer ganzen Strenge, mit einer Notwendigkeit, an der all seine Wünsche zerschellen, empfängt. Aber wenn er dieser Notwendigkeit nicht entgehen, wenn er die Welt nicht mehr nach seinen Wünschen zu lenken vermag – so lernt er jetzt mehr und mehr, sie mit seinem Willen zu beherrschen. Er versucht nicht länger, sie aus ihrer Bahn zu lenken; er fügt sich dem ehernen Gesetz der Natur. Aber dieses Gesetz selbst umschließt ihn nicht gleich den Mauern eines Kerkers, sondern an ihm gewinnt und an ihm erprobt er eine neue Freiheit.« (1930, 67)

So wie der Sieg über die Natur nur durch den Gehorsam gegen sie erreicht werden kann, so gilt die »Freiheit durch Dienstbarkeit« auch für unser Verhältnis zu der neuen Ordnung einer nunmehr eigengesetzlichen Maschinentechnik (vgl. Cassirer 1930, 89). Schließlich zeichnet sich die Technik als Kulturleistung gegenüber der Magie dadurch aus, dass ein an der Wirklichkeit geschultes Wollen an die Stelle des bloßen Wünschens tritt. Das heißt, dass wir uns nicht auflehnen sollen gegen die eigene Ordnung der Technik, gegen Gestell und Megamaschine. Im Gegenteil muss das Glücksverlangen der Menschen nun hinter die Forderungen des technischen Geistes und des technischen Willens zurücktreten. Mit der von der Naturgebundenheit losgesagten Technik sind wir immerhin in das Reich der gestalterischen Freiheit getreten, und solange die Technikentwicklung diese Freiheit erweitert, dürfen wir sie nicht nach Lust oder Unlust, Glück oder Leid bewerten. Ganz im Gegenteil steht der Weg des Geistes »hier wie überall unter dem Gesetz der Entsagung, unter dem Gebot eines heroischen Willens, der weiß, daß er sein Ziel nur dadurch zu erreichen, ja daß er es nur dadurch aufzustellen vermag, daß er auf alles naiv triebhafte Glücksverlangen verzichtet« (1930, 66). Wir müssen die Technik nicht mögen und sie ist auch nicht sonderlich liebenswert, sagt Cassirer hier. Sie soll uns nicht glücklich machen, sondern unserer Freiheit gemäß zur freien Naturbeherrschung beitragen. Damit formuliert er ein Kriterium für die Bewertung der Technik, das in Vergessenheit geraten ist angesichts einer Technik, die vor allem gemocht und gekauft sein will, auch wenn sie neue Abhängigkeiten schafft und unfrei macht.

Im Gegensatz zur Magie besteht die Technik bei Cassirer in einer *Form des Tuns*, die einer gehorsam entsagenden, zur Freiheit strebenden Naturbeherrschung entspricht. Der Mensch erfährt zuerst in der technischen Umbildung der von der Natur übernommenen Werkzeuge und dann in der Maschine »eine eigentümliche Potenzierung seines Selbst-Bewußtseins« (1930, 66). Die Verwalter und Mehrer der Werkzeuge erweitern mit den für die Naturbeherrschung erschlossenen Freiheitsgraden auch die Reichweite ihres Willens.

Mit Ernst Cassirer haben wir schließlich einen Gegenpol zu Martin Heidegger erreicht. Im Übergang vom naturgemäßen Handwerk zur modernen Maschinentechnik hat der Mensch sich selbst zum formbaren Bestand und Gegenstand gemacht. Während Heidegger dies als eine seinsvergessene Entfremdung des Menschen von seinem eigenen Wesen beschreibt, erscheint es Cassirer als Kulturleistung des wesentlich freien und zunehmend befreiten Menschen, der seine ihm gemäße Form des Tuns findet. In beiden Fällen ist die Frage nach dem Wesen der Technik auch eine Frage nach dem Wesen des Menschen. Auf den gemeinsamen Nenner gebracht: Der moderne Mensch ist das, was wir meinen, wenn wir allgemein über Technik sprechen.

2. Vertraut und unheimlich – die Frage nach Natur und Technik

Ein weiterer Philosoph der Maschine war Ludwig Wittgenstein (1889-1952). Dies mag zunächst verwundern, da sich Wittgenstein trotz seiner Ingenieursausbildung nur selten ausdrücklich über die Technik geäußert hat. Viele Liebhaber Wittgensteins erzählen sich zwar, wie Wittgenstein als Volksschullehrer einmal eine Lokomotive repariert habe und dass er während des Zweiten Weltkriegs eine Apparatur zur Aufzeichnung des Blutdrucks erfand. Diese Anekdoten geben aber weder Aufschluss über die Technik noch über Wittgensteins Philosophie. Andere gehen allerdings weiter. Obgleich Wittgenstein nie zu erläutern versuchte, was er meint, wenn er allgemein über Technik spricht, habe er immer wie ein Ingenieur gedacht (vgl. Abel/Kroß/Nedo 2008). Ein Anhaltspunkt dafür ist gewiss, dass die Maschine bei ihm immer wieder auftaucht.

Als Student der Ingenieurswissenschaften hat auch Wittgenstein Franz Reuleaux' Buch über die theoretische Kinematik als Theorie des Maschinenwesens gelesen. Reuleaux beschrieb darin den Aufbau einer Maschine wie eine Sprache. Aus einem Alphabet von Schrauben, Zahnrädern, Kurbelwellen und dergleichen werden in der Maschine Sätze gebaut, die die einzelnen Bestandteile zusammenfügen. Aus diesen Sätzen zieht die Maschine logische Schlüsse. Wenn ein Bestandteil in Bewegung gesetzt wird, dann setzt sich diese Bewegung auf eindeutig festgelegte Weise durch den Mechanismus fort, bis schließlich die gewünschte Leistung herauskommt und beispielsweise der schwere Hammer auf das zu formende Eisenteil fällt. Wittgenstein beschreibt das so: »Indem wir die Maschine kennen, scheint alles Übrige, nämlich die Bewegungen, die sie machen wird, schon ganz bestimmt zu sein.« (PU 193, vgl. 194)

Während Reuleaux seine Vorstellung von Sprache auf die Maschine überträgt, verfährt Wittgenstein umgekehrt und überträgt das Funktionieren der Maschine auf die Sprache (Hamilton 2001). Er fragt, wie unsere Sprache eigentlich funktioniert, und nimmt eine Reuleaux'sche Maschine als Beispiel dafür, was Funktionieren eigentlich heißt. Eine funktionierende Maschine und eine funktionierende Sprache arbeiten und sie arbeiten wie von selbst. Natürlich können wir eine Maschine gewissermaßen auskuppeln. Dann greifen einige ihrer Rädchen nicht mehr, und die Maschine befindet sich im Leerlauf. So kann sich auch die Sprache im Leerlauf befinden und gewissermaßen Urlaub machen. Wenn wir etwas beschreiben, einen Befehl geben oder eine Geschichte erzählen, greifen ihre Bestandteile ineinander, und dann arbeitet die Sprache problemlos. Wenn wir philosophieren und reflektieren, lassen wir die Sprache nicht arbeiten, sondern kuppeln sie aus, betrachten die leer laufenden Rädchen und fragen uns sogar, wie so etwas überhaupt funktionieren kann. Philosophische Probleme entstehen nach Wittgenstein erst, wenn die Sprache Urlaub macht (PU 132, 38). Wenn wir aber Arbeit verstehen wollen, sollten wir nicht Urlauber untersuchen. Entsprechend meint Wittgenstein, dass das Funktionieren der Sprache oder einer Maschine nicht verstanden werden kann, indem wir sie reflektierend auseinandernehmen. Nur indem wir sie sprechen und die Sprachspiele spielen, erfahren wir, dass Sprachspiele Lebensformen sind, dass wir also die Sprache so sprechen, wie wir eine Maschine bedienen. Wir fügen uns in ihr Funktionieren ein.

Wenn sie reibungslos funktionieren, üben Maschine und Sprache einen zwanglosen Zwang aus. Zwanglos erscheint dieser Zwang, weil sich die Übertragung der Bewegungen hier und der Aussagen dort quasi natürlich oder wie von selbst vollzieht. Sie bedürfen keiner Aufmerksamkeit, sondern kommen uns selbstverständlich vor. Und doch üben sie einen Zwang aus, indem sie unsere Konformität fordern. Dieser zwanglose Zwang einer selbstverständlich erscheinenden Technik soll uns in diesem Kapitel beschäftigen. Es geht also nicht mehr vornehmlich darum, wie wir uns selbst in unserer technischen Tätigkeit zur Geltung bringen. Stattdessen beschäftigt uns Technik als Lebensform oder Technik als eine zweite Natur. Im Gegensatz zur ersten physischen und biologischen Natur geht es dabei um die von Menschenhand mittels Technik geschaffene Dingwelt oder Anthroposphäre. Technikphilosophie wird hier zur Erweiterung der Naturphilosophie, die den Menschen einerseits im Verhältnis zu seinem Leib und Körper betrachtet (die eigene Natur), andererseits im Verhältnis zu seiner Umgebung, die ihm mehr oder weniger fremd und unheimlich ist – die er sich mehr oder weniger angeeignet hat.

Der Berliner Schlüssel: Lebensform und Aktionsprogramm

Wenn es um zwanglosen Zwang und die scheinbar sanfte, jedenfalls fast unmerkliche Strukturierung unserer Lebensabläufe durch die Technik geht, kann die mächtige, in der Fabrik organisierte Maschine nicht mehr als Sinnbild dienen. Erst beim näheren Blick auf Technik als Lebensform werden wir auf das merkwürdige Artefakt stoßen, das sich hier als Sinnbild anbietet. Dazu muss zunächst geklärt werden, was eine Lebensform eigentlich ist und wie dieser Begriff von der Sprachphilosophie in die Technikphilosophie kam.

Ludwig Wittgenstein kam auf den Begriff der Lebensform, weil er sich für das Funktionieren von Sprache interessierte. Nun würden wir nicht sagen, dass Sprache erst dann funktioniert, wenn alles unwidersprochen bleibt, was einer sagt. Im Gegenteil soll die funktionierende Sprache ermöglichen, dass Meinungsverschiedenheiten überhaupt ausgetragen werden können. Das heißt nun aber, dass die Differenz der Meinungen die Übereinstimmung in der Sprache voraussetzt. Nur in einer gemeinsamen Sprache können wir Unterschiedliches sagen. Wenn wir in der Sprache übereinstimmen, so Wittgenstein, dann sei dies »keine Übereinstimmung der Meinungen, sondern der Lebensform« (PU 241). Die uns gemeinsam zur Verfügung stehende Sprache, aber auch die gemeinsam zur Verfügung stehende technische Infrastruktur oder Fertigkeit gibt vor, was wir mit Wörtern und Dingen tun können. Es handelt sich in beiden Fällen also um Produktionsmittel, die unseren Tätigkeiten eine Form verleihen, wie Marx und Engels es in *Die deutsche Ideologie* beschrieben haben. Die technische Produktion und Reproduktion unserer Lebensbedingungen verstehen sie wie Wittgenstein das Sprechen der Sprache, nämlich als »Teil einer Tätigkeit, oder einer Lebensform« (Wittgenstein PU 23):

»Die Weise, in der die Menschen ihre Lebensmittel produzieren, hängt zunächst von der Beschaffenheit der vorgefundenen und zu reproduzierenden Lebensmittel selbst ab. Diese Weise der Produktion ist nicht bloß nach der Seite hin zu betrachten, daß sie die Reproduktion der physischen Existenz der Individuen ist. Sie ist vielmehr schon eine bestimmte Art der Tätigkeit dieser Individuen, eine bestimmte Art, ihr Leben zu äußern, eine bestimmte Lebensweise derselben. Wie die Individuen ihr Leben äußern, so sind sie. Was sie sind, fällt also zusammen mit ihrer Produktion, sowohl damit, was sie produzieren, als auch damit, wie sie produzieren. Was die Individuen also sind, das hängt ab von den materiellen Bedingungen ihrer Produktion.« (Marx/Engels 1845/1846, 21)

Die Verbindung zwischen der »Lebensweise« von Marx und Engels und der »Lebensform« Wittgensteins hat Langdon Winner (*1944) hergestellt und auf die Technik bezogen (1986, 3-18). Die Sprache als Lebensform ermöglicht viele Tätigkeiten »wie Befehle geben, über Ereignisse spekulieren, Rätsel raten, Geschichten erfinden, Hypothesen aufstellen und prüfen« und philosophisch reflektieren (1986, 11). Es sind solche scheinbar elementaren Tätigkeiten, die auch durch Technik als Lebensform geprägt werden:

> »Die von uns in den Alltag übernommenen Geräte, Techniken, Systeme verlieren ihren Werkzeugcharakter und werden Teil unseres Menschseins. In einem wichtigen Sinn werden wir die Wesen, die an Fließbändern arbeiten, durch Telefone reden, mit Taschenrechnern kalkulieren, prozessierte Lebensmittel essen, unsere Häuser mit starken Chemikalien reinigen. Natürlich gehört das Arbeiten, Reden, Kalkulieren, Essen, Reinigen schon sehr lange zu den menschlichen Tätigkeiten. Technische Neuerungen jedoch können diese gewöhnlichen Tätigkeitsmuster radikal verändern und gelegentlich auch ganz neue schaffen, und beides mit oft überraschenden Auswirkungen.« (Winner 1986, 12)

Die Parallele zwischen Sprache und Technik als Lebensform mag nun deutlich genug sein und zu weitergehenden Analogiebildungen verführen. Aber was eine Lebensform eigentlich ist und in was für einem Verhältnis Technik und Lebensform stehen, ist noch undeutlich. Wenn es heißt, das Sprechen oder der Umgang mit Technik seien »Teil einer Lebensform«, dann klingt das zunächst so, als stünde die Lebensform für sich als ein »way of life« oder Lebensstil, der zu seinem Unterhalt die Technik braucht. Aber dies ist von Marx und Engels, Wittgenstein und Winner offenbar nicht gemeint. Weder begründet oder ermöglicht Technik eine Lebensform, noch dient sie dieser Lebensform, unterstützt sie oder dergleichen. Vielmehr funktioniert Technik, wenn sie im reibungslosen Zusammenspiel von Menschen und Dingen aufgeht. Dann *ist* sie eine Lebensform. Ich kann mein Geschirr in einen fließenden Bach tauchen, ich kann es in einem Seifenbad mit einem Lappen abwischen, ich kann es in eine Spülmaschine stellen – und in allen drei Fällen wäre es ganz unangemessen zu sagen, die von mir gewählte Technik unterstütze oder ermögliche das Geschirrspülen und somit eine Lebensform des Essens von immer gleichem, weil immer wieder gesäubertem Geschirr. Stattdessen bestimmt die gewählte Technik, was Geschirrspülen jeweils eigentlich ist. Aber auch die Anzahl der Tassen und Teller in meinem Besitz, die Frequenz ihres Gebrauchs, die Größe meiner Tafelrunden hängt eng damit zusammen, wie groß beispielsweise eine typische Geschirrspülmaschine ist.

Dass die Technik im Zusammenspiel von Menschen und Dingen aufgeht, lässt sich vielleicht noch anders beschreiben als mit dem Begriff der Lebensform. Auch der französische Soziologe, Wissenschafts- und Technikphilosoph Bruno Latour (*1947) sucht nach einem angemessenen Ausdruck für das Verhältnis von Technik, Natur und Gesellschaft und findet es gleichermaßen unangemessen, von gesellschaftlichen Auswirkungen der Technik und vom technischen Unterbau der Gesellschaft zu reden. Diese Suche führt Latour an einen Punkt, der überraschen mag und zugleich eine Lösung des Problems verspricht:

»Eine soziale Dimension der Techniken? Das besagt wenig. Geben wir vielmehr zu, daß niemand je eine Gesellschaft beobachtet hat, die nicht von Dingen konstruiert wird. Ein materieller Aspekt der Gesellschaften? Auch das besagt wieder zu wenig. Die Dinge existieren nicht, ohne voller Menschen zu sein, und je komplexer und moderner diese Dinge sind, desto zahlreicher sind die Menschen, von denen es in ihnen wimmelt. Eine Mischung sozialer Determinationen und materieller Zwänge? Das wäre ein Euphemismus, denn es geht nicht darum, irgendwelche reinen Formen zu vermischen, die man zuvor säuberlich getrennt und in zwei großen Behältern untergebracht hat: einem mit den sozialen Aspekten des Sinns oder des Subjekts, und einem anderen mit den sozialen Komponenten, die zu Physik, Biologie und Materialforschung gehören. Also eine dialektische Beziehung? Wenn man so will, aber nur unter der Bedingung, daß man die verrückte Idee aufgibt, das Subjekt setze sich in einen Gegensatz zum Objekt. Denn es gibt weder Subjekte noch Objekte, weder am – mythischen – Anfang noch am – gleichfalls mythischen - Ende.« (Latour 1996, 37 f.)

Was könnte es heißen, dass es angesichts der Technik weder Subjekte noch Objekte gibt? Die bisher betrachteten Sinnbilder des Technischen schienen ohne diese Unterscheidung nicht auszukommen: Die Silberschale unterscheidet sich von einem Naturprodukt dadurch, dass sie nicht von selbst entsteht, sondern eines äußeren Anstoßes durch ein Subjekt bedarf. Für Maschine und Megamaschine war wesentlich, dass sie dem Menschen, der sie geschaffen hat, als etwas Fremdes gegenübertreten und dass in ihnen das Subjekt sich selbst als Objekt begegnet. In beiden Fällen schien es um Wechselwirkungen von Subjekt und Objekt zu gehen.

Ganz anders könnte es uns mit Schlüssel und Schloss gehen. Auch hier handelt es sich um ein technisches Artefakt, aber es würde uns nicht einfallen, das Schloss für so etwas wie eine Maschine zu halten, die richtig bedient werden will. Ein Schlüssel ist nicht vorrangig Bedienungselement, sondern reguliert den Personenverkehr, konfiguriert menschliche Beziehungen, indem er Zugang verschafft oder Ausschluss produziert. Außerhalb dieser Sozialbeziehungen haben Schlüssel und Schloss keinen Gebrauch für das menschliche Überleben oder die industrielle Produktivität. Der Schlüssel tut seinen Dienst erst dort, wo Grenzen bewacht werden müssen zwischen Außen und Innen, Allgemeinem und Besonderem, Öffentlichem und Privatem. All dies positioniert den Schlüssel in einem Zwischenbereich. Er repräsentiert gleichzeitig und untrennbar die Beziehung zwischen Objekten und zwischen Subjekten. Darum hat der Schlüssel auch keinen privilegierten oder wahren Ort. Unsinnig ist die Frage, ob ein Schlüssel vor allem ins Schloss gehört oder vor allem an den Schlüsselbund eines autorisierten Subjekts.

Dass der Schlüssel weder dem Bereich des Subjekts noch dem des Objekts zugerechnet werden kann, verdeutlicht Bruno Latour nun an einem ganz besonderen Schlüssel; von der Form her ein altmodischer, lang gezogener Metallzylinder, an dessen beiden Enden ganz symmetrisch jeweils der gleiche Schlüsselbart sitzt. Offenbar fehlt an diesem Schlüssel der abgerundete Griff, dafür lässt sich jedes der Enden mit seinem ausgeprägten Schlüsselbart auch als Griff nutzen, um die Hebelkraft aufzubringen, die den Schlüssel im Schloss dreht. Außerdem lässt sich jedes der Enden ganz normal in das Schloss stecken, um dort den Bolzen zu bewegen.

Die Merkwürdigkeit der Konstruktion hat natürlich einen Sinn, denn dies ist ein Schlüssel, der seinen Nutzer zwingt, hinter sich abzuschließen. Er heißt »Berliner Schlüssel«, weil er die gemeinsame Haustür eines Berliner Wohnhauses öffnet und schließt. Wer abends nach Hause kommt und vor verschlossener Tür steht, steckt den Schlüssel ins Schloss und öffnet die Tür. Wenn der Heimkehrer nun versucht, den Schlüssel herauszunehmen und mit dem Schlüssel in der Hand das Haus zu betreten, gelingt das nicht. Solange der Bolzen zurückgedreht ist, lässt sich der Schlüssel nicht entfernen – allenfalls durch das Schloss hindurchschieben. Nur wer dies tut, die Tür hinter sich schließt und abschließt, erhält dann auch den Schlüssel zurück.

Im Berliner Schlüssel steckt ganz offenbar ein Erziehungsprogramm. Er ist kein bloßes Werkzeug zum Öffnen und Schließen einer Tür, als solches dem Menschen ein bloßes Mittel zum Zweck. Vielmehr ist er mindestens ebenso sehr ein Instrument der Verhaltenskontrolle. Die Aufgabe der Verhaltenskontrolle erfüllt er aber nicht für eine anonyme Aufsichtsbehörde, sondern für die Schlüsselbesitzer selbst, die nachts gut schlafen wollen, ohne Angst haben zu müssen vor der Unachtsamkeit ihrer Nachbarn. So ist diese Konstruktion ein Sinnbild dafür, wie viel Technik in menschlichen Interaktionen steckt und dass die Dinge nicht existieren, »ohne voller Menschen zu sein«.

Der Schlüssel kann nun einerseits als werkzeughaftes Objekt aufgefasst werden, mit dem menschliche Subjekte eine Handlung ausführen. Er kann andererseits als Subjekt aufgefasst werden, das eine Handlungsanweisung erteilt und uns mit technisch erhobenem Zeigefinger auffordert, hinter uns abzuschließen – was die Nutzer des Schlüssels in bloß ausführende Objekte verwandelt, die ein Teil des Apparats sind. Konsequenter wäre es vielleicht, mit Latour zu sagen, dass es angesichts des Berliner Schlüssels die Gegenüberstellung von Subjekt und Objekt gar nicht mehr gibt. Stattdessen gibt es ein Skript oder Aktionsprogramm, das menschliche Verrichtungen und materielle Konstrukte miteinander verkoppelt. Aktionsprogramme lassen sich auf verschiedene Weisen ausführen. Individuelle Gewissenhaftigkeit einerseits, ein Heer von Dienern, Türstehern oder Hausmeistern andererseits können das Aktionsprogramm »Schließen Sie bitte die Haustür hinter sich zu« implementieren. Der Schlüssel verleiht dieser Aufforderung einen gewissen Nachdruck und Gewicht. (Latour zeigt dies ganz buchstäblich an den mit Holzgewichten beschwerten Hotelzimmerschlüsseln, die dem Aktionsprogramm Gewicht verleihen, man solle seinen Schlüssel doch bitte nicht mitnehmen, sondern am Empfang abgeben.)

Das Ding als Skript bietet sich also an, menschliche Beziehungen zu regeln. Befindet es sich damit ganz im Reich der Zeichen, und ist der materielle Schlüssel nur ein Zwischenglied zwischen menschlichen Symbolen? Offensichtlich nein, denn Gewicht wird den Zeichen hier nicht durch weitere Zeichen gegeben, sondern durch die materielle Konstruktion des Dings, das schwer in der Tasche liegt (Latour 1996, 48). Befindet sich der Schlüssel stattdessen also im Reich der Technik? Latour bejaht und verneint die Frage: »Ja, gewiß, denn wir haben es mit Schlüssellöchern zu tun« und »Nein, denn wir entdecken Know-How« und die anderen Menschen, die in der Technik wimmeln (1996, 47).

Dass der Berliner Schlüssel weder Objekt noch Subjekt ist, wurde bisher nur negativ erwiesen – er lässt sich weder dem Objektiven noch dem Subjektiven ganz zurechnen, ist weder bloß materiell konstruierte Technik noch bloß zeichenhaft diskursives Skript. Eine positive Bestimmung fehlt also noch. Sie ergibt sich aus dem Gegensatz von Technik als Vermittlung und Technik als Mittler. Die Idee der Vermittlung scheint attraktiv, weil sie die herkömmliche Gegenüberstellung von Subjekten und Objekten bewahrt und den Zwischenraum der Wechselseitigkeit für sich behauptet. Da dieser Zwischenraum womöglich leer ist, besteht allerdings die Gefahr, dass die Idee von Technik als Vermittlung ihrerseits leer und nichtssagend ist: »Das durchaus nützliche Wort Vermittlung kann auch zum Hort der Ignoranz werden.« (1996, 48)

Die blutleere Idee der Vermittlung wird von Latour nun durch den aktiven Mittler ersetzt, der gleichzeitig Mittel und Zweck sei: »Wenn der Stahlschlüssel kein bloßes Werkzeug mehr ist, gewinnt er die ganze Dignität eines Mittlers, eines sozialen Akteurs, eines Agenta, eines Aktiva.« Weil das Soziale sich nicht aus dem Sozialen aufbauen lässt, sondern außer den Menschen auch noch Schlüssel und Schlösser braucht, um sich vor Dieben zu schützen, mussten die Hauseigentümer ihr Netz der sozialen Beziehungen ausdehnen. In diesen Netzen haben sie darum menschliche Akteure wie den erfindungsreichen Schlosser rekrutiert, aber auch nichtmenschliche Akteure wie den Berliner Schlüssel als raffinierten

Mittler, der das Aktionsprogramm angibt und in die Tat umsetzt (1996, 48f.).

Wenn wir mit Latour allgemein über den Berliner Schlüssel als Sinnbild des Technischen reden, dann wird Technik ein anderes Wort dafür, dass Menschen und Dinge zusammenarbeiten – so wie Sprache ein anderes Wort dafür ist, dass Menschen mit anderen Menschen kommunizieren. In gewisser Hinsicht haben demnach die Menschen und die Dinge ihre je eigenen Geschichten und stoßen einander zu. Wenn Menschen in die Geschichte der Dinge eingreifen und wenn sich Dinge in die Geschichte der Menschen einmischen, dann werden rein funktionale Schlüssel zu intelligenten Berliner Schlüsseln und verwandeln sich wachsame Hausmeister in moralisch wirksame Schlüssel.

Bruno Latour ist keineswegs allein mit seinem Versuch, den Status der Technik im Verhältnis von Subjekt und Objekt, Kultur und Natur zu klären und dabei gleichzeitig die Einbettung der Menschen in die Technik und der Technik in die Menschen ins Auge zu fassen. Die Gefahr bei diesem Vorhaben ist vor allem, dass uns die Technik vor Augen verschwimmt und die begriffliche Klarheit verloren geht. Dies gilt auch für weniger ambitionierte technisch-analytische Ansätze, die nicht mehr allgemein von »Technik« sprechen wollen, sondern scheinbar präziser von »soziotechnischen Nutzungssystemen«. Definiert wird ein solches System dann so: »Ein SOZIOTECHNISCHES NUTZUNGSSYSTEM ist ein System, das Kombinationen von Apparaten und Menschen (und gewöhnlich auch anderen Elementen) benutzt, um Aufgaben zu bewältigen, die die Menschen ohne Hilfe von solchen Systemen nicht leisten können – um menschliche Fähigkeiten auszuweiten. [...] Die Menschen sind die einzige Art, die zweckgerichtet Neuerungen in ihre soziotechnischen Systeme einführt, um damit (hoffentlich) ihr eigenes Funktionieren zu verbessern.« (Kline 1985, 211f.).

Diese Definition ist insbesondere bezüglich des Menschen, der hier gleichzeitig als Komponente, als Nutzer, als Zweck und Gestaltungsgegenstand eines solchen Systems auftaucht, so konfus, dass sie nicht weiter analysiert zu werden braucht. Weniger konfus ist da schon Günter Ropohls Bezeichnung »soziotechnisches System«, die die Wechselbeziehungen von Entwicklung, Herstellung und Verwendung erfassen soll (Ropohl 1979). Aber auch hier muss vor allem gezeigt werden, was mit solch umfassenden und notgedrungen vagen Beschreibungen der Technik gewonnen ist.

Die Technik als Lebensform, als durch ein Aktionsprogramm verknüpftes Netzwerk von menschlichen und nicht-menschlichen Akteuren oder als soziotechnisches System, hat eine den ganzen Raum ergreifende und durchdringende Qualität, die in diesen Beschreibungen aber noch nicht repräsentiert ist. Dies unternimmt Gerhard Gamm (*1947) in einer Theorie der Technik als Medium, der zufolge Technik »wie Sprache oder Geld ein Zirkular der modernen Gesellschaft« ist. Wie Sprache oder Geld ist Technik überall und ermöglicht eine Vielfalt sozialer Beziehungen. Technik ist das Medium, in dem Bestimmungen vorgenommen werden, und als Medium ihrerseits noch in mindestens zweifacher Hinsicht unbestimmt. Für das technische Handeln stellt sie eine »Leere der vorbildlosen Produktivität« dar und somit einen unbegrenzten Möglichkeitsraum technischer Lösungen, Produkte und Entwicklungen. Wir haben die Sprache und können nicht sagen, was in ihr noch alles gesagt werden kann, und haben ähnlich auch ein Repertoire technischer Instrumente, Fertigkeiten, Ideen und wissen nicht, was damit noch alles gemacht werden kann. Eine weitere Unbestimmtheit der Technik ergibt sich nach Gamm aus der Differenz zwischen der konstruierten Funktionalität eines Artefakts und den weit darüber hinausgehenden Möglichkeiten seines Gebrauchs. Die Umfunktionalisierbarkeit der Artefakte im Gebrauch scheint ihrerseits unbeschränkt (Gamm 2000, 275).

Während Gamm ein im ganzen Raum dünnflüssig verteiltes Medium annimmt, das im Gebrauch Bestimmtheit erlangt, nehmen andere Autoren die spezifische Dynamik der räumlichen Ausbreitung in den Blick. Zunächst wird im Labor ein Phänomen produziert, kunstvoll stabilisiert und wiederholbar gemacht. Das Labor ist somit exemplarisch und spezifisch der Ort für das, was Gamm vorbildlose Produktivität nennt. Das Phänomen muss sich weiteren Prüfungen unterziehen und unter Beweis stellen, dass es nicht nur unter ganz speziellen Laborbedingungen besteht, sondern »entlokalisiert« in die Welt hinausgetragen werden kann (Galison 1997). Dazu gehört einerseits, dass die Phänomene normalisiert, isoliert, skaliert und insgesamt möglichst robust werden. Dazu gehört andererseits, dass die Außenwelt den Bedingungen des Labors angeglichen, also homogenisiert, strukturiert, gewissermaßen »hygienisiert« wird. Technisch-wissenschaftlicher Fortschritt ist also nicht vorrangig eine Bewegung in der Zeit auf ein bestimmtes Zukunftsideal hin. Vielmehr schreitet er ganz buchstäblich in die Welt hinaus und erobert den Raum, der ein Gehäuse für die Technik wird.

Das am besten studierte Beispiel für diese Ausbreitung der Technik im Raum ist die Elektrifizierung. Die technische Nutzbarkeit einer Batterie setzt voraus, dass sie in ein Gehäuse eingepasst wird, damit vor der Umwelt geschützt ist und nicht kurzgeschlossen werden kann. Was für die Batterie im Kleinen gilt, das trifft auf die technische Nutzung des Wechselstroms allgemein zu. In gewisser Hinsicht wird unsere ganze von Menschenhand gestaltete Welt zu seinem Gehäuse. Im 18. Jahrhundert ging es noch darum, wie elektrische Phänomene überhaupt erzeugt werden können und wie elektrische Ladung konzentriert, aufbewahrt, abgerufen und verteilt werden kann. In heutiger Zeit sorgen Bauvorschriften, Gebrauchsanweisungen, Industrienormen dafür, dass dicht beieinanderliegende, aber sorgsam getrennt in

Wänden versteckte Stromleitungen eine unsichtbare Gitterstruktur bilden, in die wir zusammen mit unseren Geräten eingefasst sind. Vor dreihundert Jahren gab es elektrische Entladungen nur als gelegentliches Naturphänomen, das sich sofort verflüchtigte. Jetzt fließt der Strom überall so kontrolliert wie in einem Labor (Hughes 1993).

Für den Historiker Thomas Hughes ist die Elektrifizierung die Errichtung eines »großen technischen Systems«. Seine Beschäftigung mit derartigen Systemen führte ihn auf die Betrachtung einer »von Menschenhand erbauten Welt«. Die Technik als Lebensform, Dingwelt und allumfassende zweite Natur erscheint hier als das Ergebnis einer Neuschöpfung der Welt: »Für die amerikanischen Siedler war die Umwandlung einer heulenden Wildnis in einen Ort zum Wohnen und Arbeiten weit mehr als ein zweckmäßiges Unterfangen. Sie glaubten, dass ihnen die Technik als Geschenk Gottes helfen würde, die Neue Welt in einen Garten Eden zu verwandeln. Sie nannten diese wunderbare Verwandlung eine ›zweite Schöpfungsgeschichte‹.« (Hughes 2004, 14)

Die Vorstellung einer zweiten Schöpfungsgeschichte begleitet seither eine Reihe neuer Technologien, die versprechen, dass mit ihrer Hilfe alles anders und alles besser wird (Binnig 2004, 7). Ein Beispiel für ein neues Medium, das sich als unbestimmte Leere für eine schier unendlich formbare, vorbildlose Produktivität anbot und die Alltagswelt des 20. Jahrhunderts grundlegend verwandelte, ist das Plastik: »Das Plastik ist weniger eine Substanz als vielmehr die Idee ihrer endlosen Umwandlung.« (Barthes 1964, 79) Es gehört in eine zweite Schöpfungsgeschichte, weil es das göttliche Privileg auf primäre Substanzen durchbrach – es ist der erste Werkstoff, der nicht auf natürlich vorkommendes Material wie Sand, Ton, Erz, Fell und dergleichen zurückgeht (Meikle 1995, 244). Roland Barthes kommentierte dies Mitte der 1950er Jahre: »Die Hierarchie der Substanzen ist zerstört, eine einzige ersetzt sie alle: die ganze Welt kann plastifiziert werden, sogar das Lebendige selbst, denn, wie es scheint, beginnt man schon Aorten aus Plastik herzustellen.« (1964, 81) So normal, geradezu harmlos der Kunststoff Plastik heute erscheinen mag, konnte etwa der Schriftsteller Normal Mailer 1963 schreiben, dass diesem Material der Geruch des Lebendigen fehle, dass seine Berührung der Natur fremd sei und dass wir mit ihm eine Welt schüfen, in der alle leben können, auch wenn niemand atmen kann (Meikle 1995, 244).

Von der Technik als Lebensform gelangen wir so zu einer plastisch formbaren und verformbaren zweiten Natur, die sich durch etwas auszeichnet, was Walter Benjamin in Bezug auf Kunstwerke als »Verlust der Aura« bezeichnet hat: Plastikmenschen in einer Plastikwelt im Zeitalter ihrer technischen Reproduzierbarkeit. Roland Barthes zufolge hat die Kunstanstrengung des Menschen gerade in der Verwendung des Plastiks erst einmal darauf verzichtet, das Besondere zu imitieren. Stattdessen zielt sie auf das Gewöhnliche und »geht gänzlich in seinem Gebrauch auf« (Barthes 1964, 81). Dieser Verlust der Aura liegt also in der bescheidenen Verlässlichkeit einer Reproduktionstechnik begründet, die auch die Einmaligkeit eines im Museum hängenden Gemäldes zugunsten massenmedialer Verbreitung auflöst (Benjamin 1936).

Einen anderen Aspekt dieser Perfektionierung des reproduzierbaren Alltags und der Warenwelt thematisiert Günther Anders als »prometheische Scham«. Es ist die Scham des Schöpfers einer zweiten Natur vor eben dieser geschaffenen Natur: Der Mensch ist als geistig-kreatives Wesen in der Natur nicht zu Hause und schafft sich eine ihm entsprechende Dingwelt, wird damit aber auf seine eigene Kreatürlichkeit und Imperfektion zurückgewiesen. Angesichts der perfekten Reproduzierbarkeit und ewigen Haltbarkeit eines Plastikprodukts, das kaum Gebrauchsspuren aufweist und nicht zu altern und verwittern scheint, schämen sich die Schöpfer dieser Dingwelt, dass sie geboren wurden und nicht gemacht sind. Im Unterschied zu unseren Produkten sind wir selbst nicht auf bestimmte Zwecke hin optimiert, sondern in unserer Einmaligkeit auch schadhaft, verletzlich, sterblich. Mithilfe von Kosmetik und »Styling«, dem Aufsuchen von Fitness-Studios und der Schönheitschirurgie begegnen wir unserer Scham vor der perfektionierten Warenwelt, indem wir uns selbst einen Warencharakter geben und indem wir nach den Schablonen der Mode die Idole unserer Warenwelt reproduzieren.

Die Vorstellung der Technik als Lebensform, Medium, Dingwelt oder allumfassenden zweiten Natur unterläuft die klassische Gegenüberstellung von Subjekt und Objekt, wonach das Subjekt aktiv ganz auf der Seite menschlicher Absichten und Handlungen steht und das Objekt passiv ganz auf der Seite des Gegenständlichen und Verfügbaren. Latour sprach bereits davon, dass es angesichts der Technik keine Subjekte und Objekte gibt, sondern nur noch Mittler. Jetzt sehen wir mit Anders, dass die Dinge der Warenwelt auf uns einwirken, sei es auch nur, indem sie Minderwertigkeitsgefühle in uns erwecken. Langdon Winner geht hier einen Schritt weiter, wenn er behauptet, dass Artefakte politische Ziele verfolgen, dass ihre Aktionsprogramme die Welt nach ihrer politischen Maßgabe einrichten.

»Zur angemessenen Beurteilung von Maschinen, Strukturen und Systemen der modernen materialen Kultur gehören nicht nur ihre Beiträge zur Effizienz und Produktivität oder ihre positiven und negativen Auswirkungen auf die Umwelt, sondern auch die Art und Weise, wie sie spezifische Formen von Autorität und Macht verkörpern. [...] Was wir ›Technologien‹ nennen, sind Weisen, Ordnung in unsere Welt hineinzubauen.« (Winner 1986, 19, 28)

Die Straßenüberführungen des Architekten Robert Moses gelten als ein Paradebeispiel für Artefakte, die eine Politik vertreten. Zu niedrig gebaut, um Busse durchzulassen, verhinderten sie Massentourismus an den Stränden von Long Island und hielten insbesondere schwarze Ausflügler fern. Die politische Bedeutung dieser Überführungen hängt jedoch ganz von ihrem Entwurf ab. Eine Modifikation der Konstruktionsweise würde genügen, um auch Bussen die Zufahrt zu erlauben. Anders als die Maschinen in einer Fabrik sind die Überführungen somit nicht »inhärent politisch«. Um diesen Kontrast zu verdeutlichen, stützt sich Winner auf eine Darstellung von Friedrich Engels aus dem Jahr 1872, in der dieser die inhärente autoritäre Struktur einer technischen Organisation beschreibt, die sich gegenüber der gesellschaftlichen Organisation verselbständigt hat und ihre eigene Politik verfolgt:

> »Der mechanische Automat einer großen Fabrik ist um vieles tyrannischer, als es jemals die kleinen Kapitalisten gewesen sind, die Arbeiter beschäftigen. [...] Wenn der Mensch mit Hilfe der Wissenschaft und des Erfindergenies sich die Naturkräfte unterworfen hat, so rächen diese sich an ihm, indem sie ihn, in dem Maße, wie er sie in seinen Dienst stellt, einem wahren Despotismus unterwerfen, der von aller sozialen Organisation unabhängig ist. Die Autorität in der Großindustrie abschaffen wollen bedeutet die Industrie selber abschaffen wollen; die Dampfspinnerei vernichten, um zum Spinnrad zurückzukehren.« (Engels 1872, 306 f.)

Inhärent politisch an dem hier beschriebenen Automaten ist auch, dass er die Arbeiter als bloße Maschinenwärter austauschbar macht. In der Fabrik sind sie somit in die politische Ordnung ihrer Automatisierungstechnik eingebunden. Dafür sind sie außerhalb der Fabrik aber nicht mehr auf ein bestimmtes Handwerk festgelegt und somit zugunsten eines selbstbestimmten Lebens jenseits bloßer Überlebensnotwendigkeiten von gewissen Arbeitszwängen befreit.

Die Vorstellung einer alles erfassenden Lebensform, in der die technischen Artefakte aktiv als Mittler auftreten und ihre politischen Aktionsprogramme verfolgen, verschmilzt schließlich in der Rede von einem »Parlament der Dinge«. Alexander Kluge bezog diesen Begriff auf die erste Weltausstellung, die 1851 alle technischen Neuheiten im Londoner Glaspalast versammelte (Kluge 1984, 108; vgl. Latour 2001). Worüber in diesem Parlament beraten wurde, kann Kluge nur ahnen. Sicher ist jedoch, dass die Dinge nicht stumm sind, sondern ihre Aktionsprogramme vorstellen, Versprechungen machen und ihre Perfektion vorführen, den Eigensinn der in die Dinge eingeschriebenen Wünsche darstellen. Und Bruno Latour fügt dem hinzu, dass dieses Parlament der Dinge das Parlament der menschlichen Akteure einschränkt und ergänzt. Wo Friedrich Engels soziale und technische Organisation gegenüberstellt, meint die Rede vom Parlament der Dinge, dass die Dinge bei Fragen der Organisation zumindest mitbestimmen, dass also menschliche Konstruktionen unsere Lebensform tiefgreifend durchwirken, aber auch nicht allein über sie verfügen.

Die Krebsmaus: Natur und Gegennatur

Aus dem Parlament der Dinge heraus werden bestimmte traditionelle Redeweisen unmöglich, nicht nur die von Subjekten und Objekten, sondern auch die von einer technikinduzierten Naturzerstörung. Wenn die Gesellschaft in der Technik, aber auch die Technik in der Gesellschaft vorkommt, ist es weder die Technik noch die Gesellschaft, die die Natur zerstört. Es ist auch nicht eine irgendwie eigenständige Natur, die zerstört wird, sondern allenfalls die Umwelt des Menschen, die zur Lebensform gehört, sie bestimmt und von ihr geprägt wird. Statt also von den Auswirkungen der Technik zu sprechen, ließe sich allenfalls sagen, dass unsere Lebensform eine Art Selbstwiderspruch oder Keim der Selbstvernichtung in sich trägt. Und demnach wäre das, was mit den Worten Natur- oder Umweltzerstörung gemeint ist, im Parlament der Dinge allenfalls so etwas wie ein verkürzender Ausdruck für die Unhaltbarkeit einer Lebensform. Tatsächlich wird beispielsweise der Klimawandel derzeit so diskutiert: Nicht spezifische Technologien oder industrieller Raubbau seien das Problem, sondern ganz allgemein ein nicht »nachhaltiges« System von Konsumption und Produktion.

Diese Redeweise legt nahe, dass es eine Natur als solche nie gab oder jedenfalls nicht mehr gibt, dass wir nur von einer technisierten Welt reden können, ohne Kultur und Natur auseinanderdividieren zu können. Aber es geht auch anders. Vielleicht müssen wir gerade aus dem Parlament der Dinge heraus diese Unterscheidung immer neu konstituieren. Denn was könnte wichtiger sein, als möglichst genau zu wissen, was von sich aus und ohne unser Zutun ohnehin und auf jeden Fall passiert – Natur –, und was von unserem Willen und unserem Tun abhängig und somit gestaltbar ist – Kultur und Technik? Gerade weil diese Unterscheidung faktisch permanent unterlaufen wird, sollten wir vielleicht umso entschlossener an ihr festhalten. Dies ist eine grundsätzliche Alternative: Muss die Unterscheidung von Natur und Kultur im Namen der von uns technisierten Welt aufgegeben werden oder müssen wir auf ihr beharren? Es gibt noch eine dritte, weniger grundsätzliche Möglichkeit. Demnach wäre die Frage mit der Technikentwicklung selbst verknüpft: Es gehört vielleicht zum Programm der bisherigen Technikentwicklung, dass es bei ihr um die Errichtung einer Gegennatur geht, die ohne die Folie der Natur nicht auskommt. Und dieses Programm wird durch die heutige Technikentwicklung infrage gestellt. Gewisse Aspekte dieser Entwicklung führen nämlich auf ein anderes Programm und eine Art von Technik, die über den Gegensatz von Technik und Natur hinausgeht, weil sie in der Natur verschwindet, indem sie die Natur in sich aufnimmt.

Sinnbild für alle drei Möglichkeiten ist die von Donna Haraway beschriebene Krebsmaus oder OncoMouse. Hier handelt es sich um eine von der Firma DuPont zu Forschungszwecken entwickelte transgene Maus. Unter dem Firmenmotto »better things for better living« ist sie gleichzeitig ein patentiertes technisches Ding und Labortier für Krebsstudien. Wie viele Labortiere ist die Krebsmaus ein Ding schon insofern, als sie mit ihren zahllosen Produkt-Klonen identisch ist, um wissenschaftlich reproduzierbare Ergebnisse zu ermöglichen. Als transgenes Tier vertritt sie darüber hinaus nicht nur den krebskranken Menschen, sondern partizipiert unmittelbar an seiner genetischen Natur: Ihre genetische Identität ist auch durch ein menschliches Gen bestimmt, das sie dazu verurteilt, an Brustkrebs zu erkranken. Wenn ein Monstrum etwas Widernatürliches ist, das sich nicht klassifizieren lässt, dann ist die Krebsmaus monströs, weil sie die Grenze zwischen Mensch und Tier ebenso verletzt wie die zwischen lebendigem Organismus und technischem Ding oder leblosem Artefakt.

Donna Haraway (*1944) betrachtet die Krebsmaus aber nicht als Monster, sondern als eine exemplarische Mitbewohnerin unserer von hybriden Wesen bevölkerten technisierten Welt. Sie ist weniger ein Skandal als ein Zeichen, das für die neuen Verwandtschaftsbeziehungen steht, die unsere Lebensform prägen (Haraway 1997, 69). Was Menschen heute miteinander verbindet, sind nicht vornehmlich Familienbande oder der gemeinsame Bezug auf den für alle Menschen am Kreuz leidenden Erlöser. Neue genetische Verwandtschaftsbeziehungen entstehen beispielsweise, wenn ein wildfremder Mensch ein lebenswichtiges Organ spendet oder wenn eine technisch konstruierte Labormaus für die Heilung all der Menschen stirbt, die an der gleichen Krebskrankheit leiden. Verwandt ist die Krebsmaus somit insbesondere dem Cyborg und anderen Hybridgestalten, die in der ironisch-postfeministischen Technikphilosophie Haraways eine so prominente Rolle spielen. Indem sie kategoriale Grenzen überschreiten, zeigen Cyborg und Krebsmaus vor allem an, dass sich auch die Gegenüberstellung von Natur und Kultur überholt hat, weil es nirgendwo eine Natur gibt, die kategorial anders ist und die nicht bald von der Technik eingeholt würde (Brooke 2007; Bensaude-Vincent 2007).

Die Krebsmaus ist keineswegs nur Sinnbild für ein ganz zeitgenössisches Phänomen, denn der von Aristoteles behauptete kategoriale Unterschied von *physis* und *techné* sollte schon mit Descartes und den Anfängen der modernen Naturwissenschaft verschwinden. Nach Aristoteles trägt das Natürliche seine Bewegungsprinzipien in sich, während technische Dinge von außen bewegt und insbesondere von einem Künstler oder Ingenieur angestoßen werden. Dieses Kriterium kommt ohne die aristotelische Ursachenlehre nicht aus. Ihr zufolge hat jedes natürliche Wesen seine eigene Natur und trägt seine eigenen Bewegungsursachen in sich – der Stein und die Pflanze sind nicht vornehmlich Teil einer von ewigen Gesetzen regierten Natur, sondern haben ihre ganz unterschiedlichen Naturen und Bewegungsprinzipien. Während der Stein etwa eine Lage in größtmöglicher Nähe zur Erde sucht, entfaltet sich das Bewegungsprinzip der Pflanze im Wachsen, Blühen, Verwelken.

Von diesen unterschiedlichen Wesenheiten mit ihren je eigenen Naturen will die moderne Physik bekanntlich nichts wissen. Ein Körper vereinigt nicht Stoff-, Form- und Bewegungsursachen in sich, sondern ist einfach etwas Ausgedehntes, das sich an einer bestimmten Stelle in Zeit und Raum befindet. Aufgabe der Wissenschaft ist es nun, Veränderungen der Lage der Körper zueinander möglichst geometrisch zu erfassen. Aus dieser modernen naturwissenschaftlichen Perspektive lassen sich *physis* und *techné* nicht grundsätzlich unterscheiden. Im Gegenteil, die

Natur und selbst die menschliche Physiologie kann wie eine Maschine verstanden werden, die nur größer, komplizierter und subtiler ist als die von menschlichen Konstrukteuren gebauten Maschinen. Descartes selbst hat hier den Anfang gemacht und eine Arbeit »Über den Menschen« geschrieben, die diesen weitgehend auf maschinelle Mechanismen reduziert (Descartes 1662). Hier entsteht also schon im 17. Jahrhundert die Vorstellung eines Maschinenmenschen. Einerseits wird die Natur als ein technisch konstruierter Mechanismus konzipiert, andererseits treten Ingenieursleistungen in einen Wettbewerb mit der Natur als der immer noch etwas besseren Ingenieurin.

Nun ist aber interessant, dass trotz des Triumphzugs von Naturwissenschaft und Technik der kategoriale Unterschied zwischen Natürlichem und Künstlichem keineswegs aus unseren Köpfen verschwunden ist (Schiemann 2005). Die Unterscheidung von Aristoteles scheint immer noch zu greifen: Was sich von selbst oder von sich aus bewegt, das ist Natur, und was eines äußeren Anstoßes bedarf, das ist Technik oder Kunst. Ein weitgehend aus mechanischen Ersatzteilen, Schrittmachern, Implantaten und Prothesen zusammengesetzter Mensch wäre immer noch von der Maschine unterschieden, weil sein Antrieb in ihm selbst steckt. Und auch ein raffinierter Roboter wird schnell als Maschine durchschaut, weil er auf gewisse Weise programmiert und äußerlich angetrieben ist. Auch hierfür kann die Krebsmaus als Sinnbild dienen: Obwohl sie technisch konstruiert und als Ding angepriesen wird, sehen wir doch die leidende Kreatur und kein Artefakt (Ferrari 2008). Vielleicht erinnert uns also die Krebsmaus daran, dass wir auf der Unterscheidung von Natur und Kultur beharren müssen, und zwar gerade dort, wo diese Unterscheidung unter Druck gerät und zu verschwimmen droht. Erst aufgrund dieser Forderung kann auch eine Art Empörung gegen die Krebsmaus entstehen. Wer angesichts eines mit menschlichen

Genen zum Zwecke des Krebstodes und dessen wissenschaftlicher Untersuchung konstruierten Lebewesens von einem Vergehen gegen die Natur sprechen will, muss sich dafür auf die Natur als Gegentechnik besinnen (Karafyllis 2004). Die Empörung über die Pervertierung der Natur durch die Technik ist es allererst, was die Grenzziehung zwischen Natur und Technik aussagekräftig macht.

Damit stellt sich die Frage, was an dieser Unterscheidung so wichtig ist und warum sie gezogen zu werden verdient. Gerechtfertigt ist sie nicht schon darum, weil sie allein es ermöglicht, sich über das Widernatürliche der Krebsmaus zu erregen. Im Gegenteil, dies unterstreicht womöglich nur, wie anachronistisch die Unterscheidung geworden ist. Anhaltspunkte für eine Rechtfertigung der Unterscheidung haben in der bisherigen Darstellung nur Bruno Latour und Ernst Cassirer geliefert. Latour verknüpft diese Unterscheidung recht allgemein mit dem Projekt der Moderne. Wer modern sein will, braucht klare Zuständigkeiten und will wissen, was er verantworten kann und was nicht (Latour 1995). Cassirer hat dies enger auf die Technik bezogen: Die moderne Technik unterscheidet sich von der Magie genau dadurch, dass der Ingenieur die naturgegebenen Grenzen seines Gestaltungswillens kennt. Die Anerkennung der Natur und die Entgegensetzung des eigenen Schaffens ist hiernach geradezu konstitutiv für die moderne Technik (Cassirer 1930). Eine Spielart dieses Arguments hat Max Weber entwickelt (1864-1920): Die Technik schafft eine berechenbare Gegennatur, die gerade darum eine zivilisatorische, aufklärerische Leistung darstellt, weil sie die Unheimlichkeit der unverstandenen Natur durch Berechenbarkeit ersetzt. Die Errichtung dieser rational beherrschbaren Gegennatur dient somit der Überwindung eines magischen Naturverhältnisses:

»Machen wir uns zunächst klar, was denn eigentlich diese intellektualistische Rationalisierung durch Wissenschaft und wissenschaftlich orientierte Technik bedeutet. Etwa, daß wir heute, jeder z. B., der hier im Saale sitzt, eine größere Kenntnis der Lebensbedingungen hat, unter denen er existiert, als ein Indianer oder Hottentotte? Schwerlich. Wer von uns auf der Straßenbahn fährt, hat – wenn er nicht Fachphysiker ist – keine Ahnung, wie sie das macht, sich in Bewegung zu setzen. Er braucht auch nichts davon zu wissen. [...] Die zunehmende Intellektualisierung und Rationalisierung bedeutet also nicht eine zunehmende allgemeine Kenntnis der Lebensbedingungen, unter denen man steht. Sondern sie bedeutet etwas anderes: das Wissen davon oder den Glauben daran: daß man, wenn man nur wollte, es jederzeit erfahren könnte, daß es also prinzipiell keine geheimnisvollen, unberechenbaren Mächte gebe.« (Weber 1922, 593 f.)

Auf gesellschaftliche Zusammenhänge bezogen vollzieht sich die Entstehung dieser Berechenbarkeit im Lauf der Bürokratisierung. In Bezug auf die ursprünglich unverstandene, als beseelt vorgestellte Natur produziert der technisch-wissenschaftliche Rationalisierungsprozess die sogenannte Entzauberung der Welt. Die so entstehende Gegennatur ist eine berechenbare, verfahrenstechnisch bürokratisierte, mehr oder weniger gewaltsam angeeignete und daher zivilisierte Natur.

In jüngerer Zeit beharrt vor allem Günter Ropohl (*1939) auf der Technik als Gegennatur und somit auf dem Zusammenhang von Technik und Aufklärung. Er kontrastiert diese Vorstellung nicht mit vormodern-magischen Beschwörungspraktiken, sondern mit der zeitgenössischen Idee, dass die Technik ohne ein auf den Menschen bezogenes Naturverhältnis auskomme, also ohne der Natur unsere Gestaltungsprinzipien aufzuerlegen. Insofern Technik ihren Ausgangspunkt immer in der Erfindung und darum in der Schaffung einer alternativen Wirklichkeit hat, können wir nicht auf eine natürliche oder naturgemäße Technik setzen. Und so ist nicht nur Technik begrifflich auf eine vorgängige

Natur angewiesen, sondern im Zeitalter der ökologischen Krisen paradoxerweise auch Natur auf Technik. Angesichts dieser Krisen sei paradoxerweise die letzte Chance der Natur, dass technische Hege und Pflege des irdischen Ökosystems der Natur ein Ende bereiten, um an ihrer Stelle den angemessen technisierten Fortbestand der Gegennatur zu gewährleisten (Ropohl 1991, 51-71).

Die Vorstellung einer Technik als Gegennatur kommt ohne die Differenz von Kultur und Natur nicht aus – selbst wenn sie daraufhin das Ende der Natur postuliert. Dies unterscheidet sie von der Vorstellung der Technik als Lebensform, die die Unterscheidung von Natur und Kultur von vornherein unmöglich macht oder als überholt aufweist. Die Gegenüberstellung dieser beiden Sichtweisen ging davon aus, dass es jeweils um die Technik schlechthin geht und darum, wie sie am besten zu verstehen ist. Es gibt aber noch eine dritte Möglichkeit, und sie rückt die Krebsmaus in ein besonders prekäres Licht. Die Technik ist nach dieser Betrachtungsweise zwar traditionell als Gegennatur konzipiert worden, zeitgenössische Entwicklungen erlaubten es uns jedoch, ein ganz anderes Technikideal zu verfolgen, nämlich das Ideal eines Verschwindens der Technik in der Natur und des Verschwindens der Natur in der Technik.

Es ist leicht ersichtlich, dass die Krebsmaus als Sinnbild für dieses ganz andere Technikideal dienen kann. In der Krebsmaus zieht sich die Technik in die Natur zurück und der künstlich als Forschungsobjekt erzeugte Tumor in einen lebendigen Organismus. Umgekehrt verschwindet die Natur in der Technik – die Tumorbildung präsentiert sich als verlässlich reproduzierbarer technischer Prozess. Einerseits haben wir es mit etwas durch und durch Technischem zu tun, andererseits sehen wir überall nur kreatürliche Natur und nirgendwo etwas Technisches. Dies gilt nicht nur für die Krebsmaus und nicht nur für genetisch modifizierten Mais und die aus diesem Mais gefertigten Lebensmittel. Eine ähnliche Tendenz findet sich in den Visionen für ubiquitäre Computer, die in intelligenten Umwelten aufgehen oder noch extremeren Visionen von verschwindend kleinen Robotern, die Arterien säubern und Zellen reparieren. Was diese imaginierten oder bereits in Entwicklung befindlichen Technologien gemeinsam haben, kann auf vielfältige Weise beschrieben werden (Nordmann 2008). Hier zählt vor allem, dass sie das Programm einer Technik als Gegennatur aufgeben und statt einer Entzauberung und Rationalisierung der Natur eine Verzauberung der Technik betreiben. Traditionell diente die Technik dazu, die unverstandene, unheimliche Natur durch eine rationale, berechenbare technische Gegennatur zu ersetzen. Die Krebsmaus steht dagegen für eine Technik, die nicht als Technik erfahren werden kann und die so unheimlich ist, wie es die unverstandene Natur einst war.

Für die Krebsmaus als Sinnbild eines neuen, vielleicht regressiven Technikbegriffs lässt sich eine Reihe von Argumenten anführen. Mit technikphilosophischem Rückgriff auf Hegel zeigt Christoph Hubig (*1952) den besonderen Charakter dieser neuen Technologien am Beispiel der ubiquitär in der Umwelt verteilten Computersysteme. Er beginnt dabei mit der Betrachtung der Technik als einer Mittel-Zweck-Beziehung, für die es wesentlich ist, dass sie materiell verkörpert und nicht nur ideal gedacht ist. Das technische Denken und die Entwicklung der Technik, so Hubig mit Hegel, besteht nicht in der Mittel-Zweck-Beziehung selbst, sondern in der permanenten Beobachtung der Diskrepanz zwischen der vorgestellten Kausalität und ihrer materiellen Implementierung (Hubig 2004). Die Erfahrung der Technik ist somit immer auch eine Reflexion auf ihre Grenzen, die sich konkreten Naturbedingungen verdanken. Wenn nun aber angesichts von Krebsmaus oder ubiquitären Systemen diese Diskrepanz und somit Technik als Technik nicht mehr sinnlich erfahrbar ist, verliert sich mit dem Verhältnis von vorgestellter Technik und Natur auch die Möglichkeit einer kritischen Reflexion auf die Technik selbst (Hubig 2006, 184, 256).

Die von Hubig charakterisierte Schwierigkeit betrifft nicht nur verschwindend kleine Technologien, sondern auch die Komplexität der technischen Systeme im Großen. Schon bei Karl Marx finden wir beispielsweise ein ganz anderes Bild der Maschinentechnik als bei Reuleaux, Kapp, Cassirer oder Weber. In dem Moment nämlich, in dem Maschinen andere Maschinen bauen oder antreiben, verbinden sie sich zu einem komplexen quasi-selbsttätigen Organismus, der über die rein rationale Maschinenlogik hinaus magisch-dämonische Züge trägt und seine eigentlichen Arbeitsorgane – nämlich die Arbeiter in der Fabrik – zu einem kultisch-beschwörenden Tanz verleitet:

»Als gegliedertes System von Arbeitsmaschinen, die ihre Bewegung nur vermittelst der Transmissionsmaschinerie von einem zentralen Automaten empfangen, besitzt der Maschinenbetrieb seine entwickeltste Gestalt. An die Stelle der einzelnen Maschine tritt hier ein mechanisches Ungeheuer, dessen Leib ganze Fabrikgebäude füllt und dessen dämonische Kraft, erst versteckt durch die fast feierlich gemeßne Bewegung seiner Riesenglieder, im fieberhaft tollen Wirbeltanz seiner zahllosen eigentlichen Arbeitsorgane ausbricht.« (Marx 1867, 402)

Was Marx hier beschreibt, ist der Punkt, an dem sich ein rationales Herrschaftssystem so weitgehend verselbständigt, dass es unüberschaubar wird und vom Einzelnen nicht mehr rational erfasst werden kann. Die der Magie ursprünglich entgegengesetzte Technik verlangt nun, dass sie ihrerseits magisch beschworen wird. Dies lässt sich mithilfe der Überlegungen zu Technik und Magie des Ethnologen Bronislaw Malinowski (1884–1942) genauer fassen. Nach Malinowski kommen magische Praktiken erst dort ins Spiel, wo die Technik selbst nicht mehr greift, wenn es nämlich um die günstigen Bedingungen für das Funktionieren der Technik selbst geht. Sogenannte primitive Kulturen konnten zwar mit technischen Mitteln zur rechten Jahreszeit pflügen, säen, wässern, aber brauchten einen Schamanen, um vorteilhafte Wetterbedingungen heraufzubeschwören. Heute sind die günstigen Bedingungen für das Funktionieren von Technik selbst großenteils technisch. An die Stelle des Wetters sind komplexe Netzwerke und Infrastrukturen getreten, auf deren Bestand wir setzen und deren Zusammenbruch etwa beim Übergang ins Jahr 2000 befürchtet wurde, da in vielen Programmen Jahreszahlen nur zweistellig erfasst waren. Zwischen Aktionismus und Fatalismus hin- und hergerissen, konnten die Experten nur beschwörend abwarten. Wenn die Komplexität technischer Systeme naturhafte Züge annimmt, nimmt das Technikverhältnis des Computernutzers die magischen Züge des Naturverhältnisses eines Schamanen an.

Insbesondere Günther Anders (1902–1992) hat diese Grenze thematisiert, an der die berechnende Vorstellung nicht mehr greift und mit der von ihr selbst geschaffenen Technik nicht Schritt halten kann. Ihr Sinnbild ist für Anders die Atombombe. Für unser traditionelles Technikverständnis ist bestimmend, dass das Vorstellen dem Herstellen vorausgeht. Dies entspricht dem, was Hubig in Bezug auf Hegel über die vorgestellten Mittel-Zweck-Beziehungen der traditionellen Technik sagt. Mit der Herstellung der Atombombe aber war eine Möglichkeit entstanden, für die es uns an Vorstellungskraft mangelt und die wir daher auch nicht verantworten können. Dies bedeutet, so Anders, dass wir in einem fürchterlichen Sinne »nicht mehr wissen, was wir tun« – und dies eben in Bezug auf Technik, die das wissende Tun an die Stelle des unbekannten Naturgeschehens setzen sollte (Anders 1972, 73 f.). Das von der Technik erzeugte Nichtwissen ist darum ein wesentlicher Gegenstand technikphilosophischer Reflexion geworden, gerade dort, wo dieses Nichtwissen tiefer sitzt und weiter reicht als die ohnehin immer gegebenen unabsehbaren Nebenfolgen (Gamm/Hetzel 2005).

Diese Verunsicherung des Wissens in Bezug auf das, was wir technisch schon tun, führt ins Zentrum des Unheimlichen, wie es von Sigmund Freud und Ernst Jentsch charakterisiert wird (Jentsch 1906; Freud 1919). Freud referiert den gemeinsamen Ausgangspunkt:

> »Wenn wir jetzt an die Musterung der Personen und Dinge, Eindrücke, Vorgänge und Situationen herangehen, die das Gefühl des Unheimlichen in besonderer Stärke und Deutlichkeit in uns zu entdecken vermögen, so ist die Wahl eines glücklichen ersten Beispiels offenbar das nächste Erfordernis. E. Jentsch hat als ausgezeichneten Fall den ›Zweifel an der Beseelung eines anscheinend lebendigen Wesens und umgekehrt darüber, ob ein lebloser Gegenstand nicht etwa beseelt sei‹, hervorgehoben und sich dabei auf den Eindruck von Wachsfiguren, kunstvollen Puppen und Automaten bezogen.« (Freud 1919, 250)

Diesem Zweifel begegnen wir an der Krebsmaus – es ist der Zweifel, ob es sich hier um ein beseeltes Experimentalsystem handelt oder um eine lebendige Kreatur, die nichts als ein technisches System ist, eine für Laborzwecke hergestellte Zellkultur. Angesichts der Avanciertheit des technischen Systems Krebsmaus, die unseren Zweifel ganz aktuell und wirklichkeitsnah nährt, ist bemerkenswert, dass Freud selbst die Unheimlichkeit nur dort entstehen sieht, wo unsere modernen, technisch-wissenschaftlichen Anschauungen ein primitiv-animistisches Weltbild noch nicht überwunden haben:

> »Greifen wir das Unheimliche der Allmacht des Gedankens, der prompten Wunscherfüllung, der geheimen schädigenden Kräfte, der Wiederkehr der Toten heraus. Die Bedingung, unter der hier das Gefühl des Unheimlichen entsteht, ist nicht zu verkennen. Wir – oder unsere primitiven Ur-

ahnen – haben dereinst diese Möglichkeiten für Wirklichkeit gehalten, waren von der Realität dieser Vorgänge überzeugt. Heute glauben wir nicht mehr daran, wir haben diese Denkweisen *überwunden*, aber fühlen uns dieser Überzeugungen nicht ganz sicher, die alten leben noch in uns fort und lauern auf Bestätigung. [...] Wer im Gegenteil diese animistischen Überzeugungen bei sich gründlich und endgültig erledigt hat, für den entfällt das Unheimliche dieser Art.« (Freud 1963, 270)

Wenn wir Freud glauben dürfen, dann verdankt sich das Gefühl des Unheimlichen im Fall der Krebsmaus nicht der Wiederkehr eines nur überwunden geglaubten Aberglaubens, sondern einer technischen Entwicklung, die sich an dem orientiert, was durch die Entwicklung der Technik eigentlich überwunden werden sollte. Es könnte also sogar der Verdacht entstehen, dass sich die in der Krebsmaus realisierte avancierte Technik an magischen und animistischen Vorstellungen orientiert, dass sie prompte Wunscherfüllung anstrebt, die Allmacht des Gedankens bestätigen will und die Grenzen auflöst, in denen sich der Mensch erfährt. Dies ist auf den ersten Blick natürlich ein ungeheurer Verdacht, der sich im zweiten Blick auf heutige Technikdiskurse mit ihren »Transhumanismen«, Singularitäten, Gehirn-Maschine-Schnittstellen, »human enhancements«, nachhaltigen Heilsversprechungen und bevorstehenden industriellen Revolutionen zu bestätigen scheint. Die nächsten Jahre werden erweisen, ob das Ideal einer derart in die Natur verschwindenden und sie überhöhenden Technik überhaupt konsequent durchführbar ist und unser Zusammenleben mit den Dingen strukturieren kann.

3. Archäologie und Utopie – die Frage nach Technik und Geschichte

Der »Bracht« und die Ausgrabung technisierter Welten

Im letzten Kapitel hieß es, »Technik« sei ein anderes Wort dafür, dass Menschen und Dinge zusammenarbeiten – so wie »Sprache« ein anderes Wort dafür ist, dass sich Menschen koordinieren. Die Rahmung für diese Analogisierung von Technik und Sprache bot der Begriff der Lebensform. Eine Lebensform bezeichnet, wie sich Menschen und Dinge in der Welt einrichten, wie sie den Raum organisieren, sei es in der kommunikativen Stellung der Menschen zueinander, sei es durch die Einrichtung technischer Aktionsprogramme zur Strukturierung von Handlungsabläufen. Während es im letzten Kapitel somit um die Ausbreitung der Technik im Raum ging, wenden wir uns jetzt dem Fortschritt der Technik in der Zeit zu. Dabei soll aber gerade nicht vorausgesetzt werden, dass es sich hier wirklich um einen »Fortschritt« handelt und nicht stattdessen um die Ablösung früherer Lebensformen durch spätere.

Die Charakterisierung historischer Entwicklungstendenzen und die Einschätzung ihrer Bedeutung gehört zum Geschäft der Geschichts- und Kulturphilosophie. Wer dabei auf eine vorschnelle Identifikation von Entwicklungslinien verzichten will, wendet sich der »Archäologie« als empirischer und philosophischer Forschungsmethode zu. Und dieser behutsam aufschlussreiche Ansatz soll zunächst im Mittelpunkt stehen.

Der Grund dafür ist ganz einfach und wurde schon im letzten Kapitel mit Blick auf Max Weber zur Sprache gebracht. Weber wandte sich gegen die Vorstellung, die Entwicklungstendenz des kontinuierlichen technischen Fortschritts ergebe sich schon daraus, dass wir heute ganz offenbar mehr wissen und können als früher. Dagegen machte Weber am Beispiel der Straßenbahn geltend, dass moderne Menschen ihre Lebenswelt keineswegs besser durchschauen, als es »primitive Völker« tun. Darüber hinaus ist durchaus denkbar, dass mancher »Zuwachs« technischer Fertigkeiten andere zum Verschwinden bringt. Eine Mondlandung ist zwar erst seit einigen Jahrzehnten möglich, dafür ist bis heute rätselhaft, wie gewisse Altertümer baulich realisiert werden konnten oder woraus manche keramische Glasur bestand. Wer kann heute noch in freier Wildbahn ein Feuer machen? Und die USA, heißt es, hätten verlernt, Stahl herzustellen, seitdem sie ihn nur noch einführen und nicht mehr selbst produzieren, also keine Infrastruktur, keine Praxis und keine Praktiker mehr dafür haben. Wer nun aber von technischem Fortschritt spricht, sieht nur den Zuwachs und nicht die Verluste und nimmt auch sonst viele Aspekte der in archäologischen Tiefenschichten verborgenen technischen Welten oder Lebensformen nicht wahr.

Es könnte also sein, dass die Vorstellung eines technischen Fortschritts der Geschichte eine Art zeitliche Logik aufzwängt, die ihr Gewalt antut, manches sichtbar und anderes unsichtbar macht. Dies gilt schon für die rein beschreibende und nicht nur für die normativ bewertende Bedeutung dieses Begriffs. Die Rede vom technischen Fortschritt kann nämlich mindestens zweierlei bedeuten, einerseits, dass alles immer besser wird, und andererseits, dass die Technik gewissermaßen zunimmt, sich immer weiter ausbreitet oder immer tiefer in unser Leben eingreift. Ersteres wird uns hier nur mittelbar interessieren. Wie wir im letzten Kapitel sahen, kann jede einzelne Lebensform danach befragt werden, was für ein Zusammenleben sie ermöglicht und wie sie also zu bewerten wäre. Und mit der zweiten Bedeutung stoßen wir sofort auf ein Problem: Die Vorstellung eines »immer mehr« könnte aufgehen, wenn es bei der Technisierung um die Anzahl von technischen Artefakten ginge, aber alles bisher Gesagte spricht gegen eine solche Reduktion des Technischen auf die zählbaren Dinge. Und selbst wenn es um das Zählen von Dingen ginge, würde sich bald die Frage stellen, was eigentlich zählt – zählt eine Schreibmaschine wie ein Federkiel, zählt der Kieselstein, mit dem eine Lederhaut geschabt wird, zählt die Sonnenuhr und zählt das Telefon, das gleichzeitig ein Fotoapparat ist, einmal oder zweimal? Ähnliches gilt für die Behauptung, dass die Technik immer tiefer greift, unsere Form des Zusammenlebens immer stärker bestimmt. Wenn Technik konsequent als Lebensform gedacht wird, dann gibt es da nichts Tieferes, das hinter der Oberfläche steht. Jede Lebensform ist bereits maximal technisiert, denn jede Lebensform ist durch ihre Technik geprägt. Was könnte beispielsweise tiefgreifender sein als eine Technik der Büffeljagd, die die religiösen Rituale einer Gemeinschaft bestimmt, aber auch ihre Weise des Zusammenlebens, die vielleicht darin besteht, mit den Herden zu wandern und ihre Zelte immer gerade dort aufzuschlagen, wo es Aussicht auf Nahrung gibt? Ja, es ließe sich geradezu sagen, dass die modernen Städte mit ihren Wohnhäusern und Supermärkten freiere Mobilität ermöglichen und das menschliche Zusammenleben weniger oder anders tiefgreifend strukturieren.

Ein schlichteres Beispiel liefert Bruno Latour, indem er die Geschichte des Berliner Schlüssels weiter erzählt. Dieser Schlüssel ist nämlich in der Zwischenzeit weitgehend von sogenannten Codeschlössern abgelöst worden. Worin liegt hier nun der technische Fortschritt oder eine zunehmende »Technisierung der Gesellschaft«? Ist es etwa so, dass der Eintritt mit dem Berliner Schlüssel weniger technisiert ist als der mit dem elektronischen Codeschloss? In der Erfahrung des Nutzers Bruno Latour handelt es sich vor allem um die Ersetzung einer Lebensform durch eine andere und um ein Zeichen für die Fragilität und Verletzlichkeit aller technischen Mittler. So zentral ihre Stellung in den Lebensformen und Aktionsprogrammen auch sein mag, so unsicher und vor allem ersetzbar bleiben sie andererseits:

»[...] die Festigkeit der Kette Lebensform – Know-how – Hauswart – Schlüssel – Schloss – Haustür ist immer noch provisorisch, denn ein Türöffner mit elektronischem Code kann die Wachsamkeit des Concierge durch ein elektronisches Uhrensignal ersetzen und aus dem Stahlschlüssel einen Zahlencode machen, den ich memorieren muss. Was ist fragiler? Der schöne Berliner Stahlschlüssel oder ›45-68E‹ (der Code für meine Haustür in Paris)? Welcher von beiden ist technischer? Der Stahl oder der kleine Merkspruch ›Kriegsende, Mai 68, Europa‹, den ich mir abends vorsage, um mich an das zu erinnern, was mich autorisiert, nach Hause zu kommen? Welcher von beiden ist dauerhafter, dieser solide Schlüssel oder jener in meinen Gehirnzellen gespeicherte mnemotechnische Merkspruch?« (Latour 1996, 50)

Die Erfahrungen Latours fordern also zunächst eine archäologische Methode, die einzelne Lebensformen Schicht um Schicht rekonstruiert und zunächst keine Theorie über die Übergänge und größeren Abfolgen zwischen diesen Schichten aufstellt. Eine Schicht liegt auf der anderen, eine kommt nach der anderen, und jede genügt sich zumindest zeitweilig selbst. Michel Foucault (1926–1984) hat diese Methode in die Technikphilosophie eingeführt. Sie basiert darauf, dass wir Nachrichten aus der Vergangenheit erhalten, auch wo diese Nachrichten nicht allein schon von irgendwelchen Dingen transportiert werden, die ein empirisch grabender Archäologe zutage fördert. Die Archäologie arbeitet am Rand des Schweigens, denn »das gegebene, positive Material spricht eine unbekannte Sprache – und es spricht doch, es spricht gleichsam für sich« (Gehring 2004, 34). Was Archäologen bei ihren Grabungen finden, das hat zwar historische Tiefe, liegt gleichwohl nur nebeneinander, kennt keine Zeit als die Gleichzeitigkeit. »Die Archäologie definiert Systeme der Gleichzeitigkeit«, meint Foucault und führt dies mit seinen Rekonstruktionen solcher Systeme immer wieder vor (Foucault 1974, 26). Einmal geht es um verschiedene Ordnungen von Zeichen und Dingen, ein andermal um die Geburt der Klinik und eine neuartige Verfügbarkeit des Körpers und noch ein andermal um die Macht des alles erfassenden Blicks, wie er sich in der Architektur gewisser Gefängnisbauten kristallisiert. In allen Fällen zeigt Foucault technische Aspekte der Verknüpfung, des Einschlusses und der Ausgrenzung, der Kontrolle oder Kategorisierung auf, die aus den für sich genommen sprachlosen Quellen und Fundstücken ein auch technisches System der Gleichzeitigkeit machen, das gewissermaßen für sich selbst spricht. Im Blick auf frühere Epochen sollten wir also keineswegs nur die Vorgeschichte zu unserer Gegenwart sehen, sondern wie alle Archäologen eine Botschaft von den Toten erwarten, wobei es einer eigenen Kunst oder Technik bedarf, die Zeugnisse der Toten zur Sprache zu bringen und darin die mehr oder minder gewaltsame Ordnung der Dinge wahrzunehmen.

Der Jurist, Filmemacher, Fernsehproduzent und vor allem philosophische Erzähler Alexander Kluge hat mit Oskar Negt einen theoretischen Ansatz entwickelt, der über das vornehmlich Beschreibende der archäologischen Methode hinausgeht. Dabei geht es um die Anwendung von Gewalt, die in jedem Zugriff und jeder Aneignung steckt, die aber ganz unterschiedlich verfahren kann, nämlich grob oder fein. Kluge (*1932) zelebriert die Feingriffe, mit denen sich Menschen aufeinander und auf die Dinge abstimmen, und er sucht eine erzählerische Methode, die es ihm erlaubt, eine behutsame Archäologie der unterschiedlichsten Kräfteverhältnisse und Wirksamkeiten zu betreiben.

Zum Sinnbild des Technischen wird dabei die bereits von Sokrates praktizierte Hebammenkunst. Einen weniger bekannten Feingriff heben Kluge und Negt hervor:

»Es erweist sich, daß ein Kind im Mutterleib verdreht liegt, in der sog. Steißlage. Es wird bei der Geburt ersticken. Die Hebamme muß es im Mutterleib drehen und sie tut das ›durch Anwendung von Gewalt‹. Aber keineswegs durch Kraftgriff, sondern durch Feingriff; d.h. entsprechend der Feingliedrigkeit und Lebendigkeit ›des Gegenstandes‹ und mitten in dessen Situation. Der Griff, den sie anwendet, an den Schultern des Kindes, heißt bei den Hebammen: ›Der Bracht‹ (nach dem Geburtshelfer, der diesen längst bekannten Griff kodifiziert hat). Die Arme des Kindes sind zu diesem Zeitpunkt geburtswidrig in die Höhe gerichtet. Es wäre gar nicht möglich, daß die Hebamme gewaltsam, d.h. mit ihren Händen, diese Arme so legt, daß sie kreuzweise vor der Brust liegen und die Geburtsöffnung passieren können. Ihr Griff provoziert die Eigenbewegung des Kindes. Solche Gewalt, wie sie die Hebamme professionell anwendet, unterscheidet sich von der Gewalt von Hämmern, Sicheln, Hacken oder Sägen.« (Kluge/Negt 1981, 25f.)

Wer Platons Dialoge liest, kennt die merkwürdig erfolgreiche Anwendung von Gewalt durch den Feingriff des Fragens, mit der Sokrates herausbekommt, was seine Gesprächspartner wissen und nicht wissen, oft ohne selbst schon gewusst zu haben, was sie alles wissen und nicht wissen. Die fragende Technik, mit der Sokrates Verborgenes zutage fördert, wird deshalb als Maieutik oder Hebammenkunst bezeichnet. Trotz ihrer sanft manipulativen Gewalt gilt die sokratische Maieutik vor allem als Hilfeleistung oder Kunst, »durch geschicktes Fragen und Antworten die in einem Menschen liegende richtige Erkenntnis herauszuholen« (Schmidt 1969, 378). Die sokratische und die durch den Bracht bewirkte Hilfeleistung bringen etwas zur Sprache und ans Licht, sie entsprechen somit ganz unmittelbar dem, was Heidegger als Entbergen bezeichnet hat. Dabei erscheinen sie als zeitlose Techniken, deren Ursprung unbekannt ist, die heute noch wirken und nicht etwa überholt sind. Eine etwaige Technisierungstendenz ist an ihnen vorbeigegangen, außer vielleicht, dass sich Konkurrenz-Techniken wie der Kaiserschnitt und die Massenkundgebung herausgebildet haben.

Nun lässt sich gerade der Bracht auch ganz anders beschreiben – so anders, dass jede Verbindung zu Kluges Idealisierung des Hebammengriffs verloren geht. Er gehe nicht auf traditionsreiches Hebammenwissen zurück und wurde um 1935 vom Gynäkologen Prof. Dr. Erich Bracht nicht etwa nur benannt, sondern allererst entwickelt. Und für die Geburt eines in Beckenendlage befindlichen Kindes lautet zumindest in den USA der heutige gynäkologische Ratschlag: Kaiserschnitt. Als Sinnbild des Technischen führt uns der Bracht somit auf unterschiedliche Darstellungen und Bewertungen. Handelt es sich dabei um ein archaisch untechnisiertes Erfahrungswissen im Gegensatz zum invasiv-technisierten Kaiserschnitt – oder um eine Gewaltanwendung durch Feingriff, die neben dem Kaiserschnitt als Kraftgriff unverändert Bestand hat? Wenn der Bracht im Technisierungsprozess nicht überholt wurde, sondern nur eine andere Schicht der Technisierung bezeichnet, muss er dennoch durch erzählerische Feingriffe immer wieder zur Geltung gebracht werden, da er sonst womöglich nicht zählt und hinter der spektakulären Technik des Kaiserschnitts zu verschwinden droht. Damit verweist der Bracht darauf, dass die Archäologie der technisierten Lebensformen am Rande des Schweigens steht und tendenziell hinter den wortmächtigen Fortschrittserzählungen verschwindet. Und so ist der Bracht letztlich ein Sinnbild für eine verschwiegene Technik, die sich gerade darum der Aufmerksamkeit entzieht, weil sie mit ihren behutsamen Feingriffen von einer kraftprotzenden, weil gewaltsameren Technik überschattet wird: Da statistisch gesehen bei Kaiserschnitten weniger Komplikationen auftreten als bei »natürlichen« Geburten und da Kaiserschnitte zu normalen ärztlichen Dienstzeiten eingeplant werden können, sollen sie vernünftigerweise die Norm werden, die allen Frauen in den USA empfohlen wird.

In der Beschreibung von Kluge und Negt provoziert der Bracht die Eigenbewegung des Kindes, damit es seinerseits Hilfestellung bei der eigenen Geburt leisten kann. Der Eingriff der Hebamme hat gewissermaßen Taktgefühl und ist aufmerksam für das, was das Kind schon selbst kann und will. Bei anderen Feingriffen trifft eher die Rede vom Fingerspitzengefühl, das wiederum sensibel auf die Feingliedrigkeit und Lebendigkeit seines Gegenstands eingeht.

»Die Grundform der meisten mechanischen Arbeitseigenschaften, die die menschlichen Körper auszuführen vermögen und die, auf Werkzeuge und Maschinen übertragen, zwischen den Menschen und die Arbeitsgegenstände treten, beruht auf der Anwendung unmittelbarer Gewalt. [...] Die Unterscheidung liegt zunächst nur in der direkten oder indirekten Anwendung solcher Gewalt oder in dem Maß, in dem die Gewalt die Gegenwirkung des Anderen, also das, was Fallenstellen oder Listen ausmacht, einbezieht oder nicht. [...] Wir halten alle Anwendungen dieses Prinzips, gattungsgeschichtlich und individualgeschichtlich, für eine Arbeitseigenschaft. Ihr steht das größte Arsenal an Werkzeugen zur Verfügung. Sie sind sämtlich robust. Ihr Problem liegt in der Dosierung, für deren exakte Steuerung die Arbeitseigenschaften der Gewaltsamkeit keine Kriterien geben.« (Kluge/Negt 1981, 20)

Um der richtigen Dosierung, exakten Steuerung, des Takt- und Fingerspitzengefühls willen ist die Technikgeschichte Kluges eine *Chronik der Gefühle* (Kluge 2000). Allein die Gefühle sind es nämlich, die die Feinabstimmung zwischen Menschen und Dingen ermöglichen, mehr noch als der Körper wehren sie sich gegen ihre Deformation, lassen sich gewissermaßen nicht unterkriegen, gerade wenn sie in ein katastrophisches Missverhältnis zu ihrer Umgebung geraten. In seinem Film *Die Macht der Gefühle* erzählt Kluge die Geschichte zweier Paare und lotet die Verhältnismäßigkeit ihrer Gefühle aus. Das eine Paar hat amateurhaft einen Mord begangen, um sich seine leidenschaftlichen Wünsche zu erfüllen, das andere Paar päppelt das schon gestorben geglaubte Opfer mit krimineller Sorgfalt wieder auf. Er ist Einbrecher, sie Prostituierte, und gemeinsam machen sie sich die Technik der Prostituierten zunutze: »1. Sanftheit; 2. Kenntnis; 3. kein besonderes Gefühl. Man braucht aber viel Gefühl, um das zusammenzubringen.« (Kluge 1984, 145)

»In der Geschichte *Abbau eines Verbrechens durch Kooperation* bauen zwei Menschen einen Mord ab, den sie nicht begangen haben. Wodurch unterscheidet sich das eine Paar vom anderen? Das Mörderpaar sitzt eingekesselt im Hotelzimmer in Barcelona, so wie es dem dramaturgischen Inzest im klassischen Drama bei Ibsen entspricht. Sie verfügen durchaus über viel heißes Gefühl. Manfred Schmidt möchte unbedingt an die Spitze nach Brasilien ... Mäxchen möchte ihn mit allem Gefühl *nur für sich* haben! Bekommt ihn ja auch auf 2,28 x 3 m Grundfläche engstens. Der Organisierung dieser Gefühle fehlt die Sachlichkeit. Ich könnte pathetisch werden, wenn es darum geht, für die Einheit von *Liebe und Sachlichkeit* zu werben. Die beiden kriminellen Profis: Knautsch-Betty und Kurt Schleich verstehen etwas von dieser Sachlichkeit.« (Kluge 1984, 215)

Dass uns die feinsinnigen Techniken unserer eigenen Gefühle meist verborgen sind, hat nichts mit Technikgeschichte als Geschichte von Erfindungen oder der Abfolge von Technologien zu tun. In dieser Art Geschichtsschreibung können sie gar nicht vorkommen. Es hat vielmehr mit unseren Technikgeschichten, den Romanzen und Tragödien des technischen Fortschritts zu tun, die über das Verhältnis von Liebe und Sachlichkeit, Fingerspitzengefühl und Gewaltanwendung visionär hinweggehen. Wenn es in diesem Kapitel um Archäologie einerseits und um Technisierungsprozesse andererseits geht, so spielt dies nicht auf die zu dieser oder jener Zeit vorfindliche Technik an. Vielmehr soll verdeutlicht werden, dass Archäologie und Fortschrittsnarrative ihrerseits ganz unterschiedliche Techniken sind, um technische Prozesse zur Geltung zu bringen.

Während sich ein historischer Übergang von einer Technik der Feingriffe zu einer Technik der Kraftgriffe gerade nicht postulieren lässt, kann für den Kaiserschnitt immerhin gesagt werden, dass er sich durchaus in eine Romanze oder Tragödie zunehmender Technisierung fügt, weil er nämlich gar nicht erst auf Handgriffe setzt, sondern mit vergegenständlichten technischen Hilfsmitteln, Apparaten und Instrumenten arbeitet – weil er invasiver, gewaltsamer, gegennatürlicher sei. Schnell zeigt sich, wie fragwürdig und gewaltsam auch dieser interpretatorische Zugriff ist. So reklamieren Ärzte und insbesondere Chirurgen für sich, dass sie kunstvolle Handgriffe vollziehen und dass ihre Instrumente wie in der Technikphilosophie Kapps (1877, 41) eine bloße Erweiterung ihrer Hände seien. Und natürlich gehört Feingefühl, Erfahrung, handwerkliches Geschick dazu, mit einem Skalpell in menschliches Gewebe einzugreifen. Mit dieser Überlegung verschwindet gleichzeitig der Unterschied zwischen dem, was nur mit den Händen, und dem, was zusätzlich mit einem Werkzeug wie dem Skalpell getan wird. Invasiv sind Bracht *und* Kaiserschnitt, und schließlich haben Kluge und Negt gezeigt, dass es immer um Anwendung von Gewalt geht, nur die Art und Weise dieser Gewaltanwendung unterschiedlich organisiert sein kann – kalt berechnend, brachial leidenschaftlich oder mit Liebe und Sachlichkeit.

Die Geschichte fortschreitender Technisierung ordnet das überlieferte Hebammenwissen einer früheren, vielleicht besseren, vielleicht schlechteren Epoche zu als den erst im modernen Krankenhaus zur Routine gewordenen Kaiserschnitt. Dagegen könnte es mit Kluge umgekehrt darum gehen, für den Bracht und den Kaiserschnitt ein System der Gleichzeitigkeit zu konstruieren und somit auch ein System von Alternativen und Entscheidungen.

Eine Geschichte der zunehmenden Technisierung und Beschleunigung wird heute insbesondere bezüglich unserer Kommunikationsmedien erzählt (Virilio 1993), aber auch hier ergibt sich eine Alternative aus dem archäologischen Ansatz, der am Rande des Schweigens die Botschaft der Toten zu Gehör bringt. Im Zeitalter der Medialisierung, heißt es, würden Kriege für Fernsehzuschauer inszeniert (Baudrillard 1991). Ein reales Geschehen mit vielfach tödlichem Ausgang werde so zu einem Spektakel für Bildkonsumenten virtualisiert, und eben diese Auflösung des Wirklichkeitsbezugs sei eine Signatur der postmodernen Gegenwart. Wie beschreiben wir aber eine Schlacht mit 2100 Toten, die am 8. Januar 1815 in New Orleans nur darum stattfand, weil die Botschaft von dem am 24. Dezember in Gent erfolgten Friedensschluss erst im Februar eintreffen sollte? Lässt sich für beide Fälle sagen, dass die verfügbaren Kommunikationsmedien die Unerreichbarkeit der Wirklichkeit vorführen, dass sie also Kommunikation gleichermaßen ermöglichen und verhindern?

Berliner Schlüssel und Codeschloss, Bracht und Kaiserschnitt, Golfkrieg und die Schlacht von New Orleans stoßen uns immer wieder darauf, dass es die Zeitkonstruktion der technischen Fortschrittserzählungen ist, die dem System der Gleichzeitigkeit Gewalt antut, indem sie es in die Form einer Romanze oder Tragödie pressen will. Mit diesem Verdacht gegenüber fast unwiderstehlichen Erzählmustern ergibt sich eine Herausforderung nicht nur an archäologische Rekonstruktionen im Sinne Foucaults, sondern auch an empirische Archäologie: Wenn wir unsere Gesellschaft für technisiert halten und frühere Gesellschaften für weniger, gar untechnisiert, liegt dies vielleicht daran, dass die Botschaft aus der Vergangenheit bei uns nicht angekommen ist? Einen eher oberflächlichen Anhaltspunkt dafür bietet der Antikythera-Mechanismus, die vermutlich älteste Analog-Rechenmaschine aus dem ersten Jahrhundert v. Chr. Seine Zahnradmechanik diente astronomischen Berechnungen. Mit einem Einstellring wurde die Mondphase gewählt, woraufhin der Stand von Sonne und Mond zu den Sternenbildern angezeigt wurde (Freeth/Bitsakis/u.a. 2006).

Aber ein isolierter Fund wie dieser Mechanismus reicht nicht aus, um seine Botschaft in ein System der Gleichzeitigkeiten zu holen. Grundsätzlicher setzt daher Bruno Latour am Beispiel eines archäologischen Fundstücks an, um die Aufnahme eines zunächst sprachlosen Objekts in ein soziotechnisches System zu illustrieren, in dem es als Mittler fungiert:

»[A]llein Archäologen beobachten Artefakte, die ein wenig dem ähneln, was die modernen Philosophen unter einem Objekt verstehen. Ethnologen, Anthropologen, Volkskundler, Ökonomen, Ingenieure, Konsumenten und Benutzer – sie alle sehen nie Objekte. Sie sehen nur Projekte, Aktionen, Verhaltensweisen [...] Selbst auf dem Speicher unserer Großeltern, auf dem Flohmarkt, auf der Müllhalde, auf dem Schrottplatz, in stillgelegten Fabriken, im Museum [...] scheinen die Gegenstände noch ganz angefüllt mit Erinnerungen, Gebräuchen, Hinweisen zu sein. [...] Eine solche Auferweckung von den Toten ist den Archäologen allerdings untersagt, denn jene Gesellschaft, die ihre Objekte hervorgebracht hat und von ihnen hervorgebracht worden ist, ist mit Mann und Maus untergegangen. [...] Sobald jedoch ein Archäologe die armseligen fossilen oder staubigen Objekte in den Händen hält, hören diese Reliquien auf, Objekte zu sein, und kehren zur Welt der Menschen zurück: Schon an der Ausgrabungsstelle wandern sie von Hand zu Hand, dann im Klassenzimmer oder in der wissenschaftlichen Literatur. ›Objekt‹ kann man den etwas widerständigeren Teil einer Kette von Praktiken nennen, aber nur, solange er noch vergraben, unbekannt, ausgesetzt, weggeworfen, bedeckt, ignoriert, unsichtbar, ›für sich‹ ist. Anders gesagt, es gibt keine sichtbaren Objekte und hat niemals welche gegeben. Objekte existieren nur unsichtbar und als Fossilien.« (Latour 1996, 38f.)

Das sprachlose und unsichtbare Objekt ist also der Ausgangspunkt einer Aneignung, über die allein es in einer technisierten Lebensform Geltung erlangt. An dieser Stelle nimmt eine auf den ersten Blick technik- und wissenschaftssoziologische Geschichte philosophische Bedeutung an, in der es um die Unsichtbarkeit in mehrfacher Hinsicht »weiblicher« Techniken und Technologien geht.

Schon bei der Gleichzeitigkeit von Bracht und Kaiserschnitt ging es um die Sichtbarmachung einer vornehmlich weiblich kodierten Hebammentechnik gegenüber der Technik eines über Jahrhunderte vor allem männlichen Berufsstands, der die Hebammen, ihr Wissen und ihre Technik unterdrückte. Was bei der Sichtbarmachung einer fast unsichtbaren Technik auf dem Spiel steht, verdeutlichen Forschungen aus dem Gebiet der sogenannten paläo-indianischen Archäologie. Auch in diesem Forschungsgebiet graben Archäologen Objekte aus und geben ihnen eine Geschichte. Bevorzugt finden sie Steinäxte, Pfeilspitzen und rekonstruieren daraus die Lebensform von Jagdgesellschaften. Hierfür probieren diese Archäologen in ihren Laboren und bei wissenschaftlichen Treffen die Herstellung dieser Pfeilspitzen aus, sie schießen damit auf präparierte Tierfelle. Vielleicht nicht ganz zufälligerweise sind die Forscher in diesem archäologischen Spezialgebiet fast ausschließlich Männer, die sich hier über den Abstand von Jahrtausenden mit einer männlichen Jagdgesellschaft verbrüdern.

Tatsächlich begann die paläo-indianische Archäologie mit der Entdeckung von Pfeilspitzen für die Bisonjagd und hat sowohl das Forschungsgebiet als auch die erforschte Lebensform über diese technischen Artefakte und die mit ihnen verbundenen Jagdaktivitäten definiert. Die Archäologin Joan Gero kontextualisiert dies so:

»Männliche Archäologen setzen standardisiert nachgebildete Werkzeuge im Rahmen zeitgenössisch-analoger Tätigkeiten ein, mit einer entschiedenen Gewichtung auf übertrieben ›männliche‹ Tätigkeiten: [...] besonders bemerkenswert ist dabei die Erforschung des Werfens von Wurfgeschossen auf moderne Äquivalente von Großwild – vornehmlich Elefanten und Nashörner – und deren anschließende Zerlegung. Dies dient einer direkten Übersetzung der Forscher in Jäger des Pleistozäns. Es ist faszinierend – oder peinlich – den schmalen Grat zu beobachten, der zwischen der männlichen Wissenschaft des wiederholbaren Experiments und einem Macho-Drama verläuft.« (Gero 1993, 36)

Gero fährt fort, indem sie den mehrfachen Ausschluss von Frauen kommentiert. Zunächst kommen sie zumindest in dieser Gemeinschaft wissenschaftlicher Forscher nicht vor. Ihr Beitrag zur untersuchten Lebensform bleibt entsprechend unsichtbar und vor allem ihre diese Lebensform strukturierenden Technologien. Schließlich teilen sie dieses Schicksal mit anderen Frauen aus anderen Zeiten, deren Arbeit samt den dazugehörigen Techniken tendenziell unsichtbar bleibt: »In die paläo-indianische Forschung geht weder das weiblich dominierte Forschungsfeld der durch Gebrauch erzeugten Mikroläsionen ein noch das Interesse vieler weiblicher Forscher an nicht-standardisierten Werkzeugformen. So werden Frauen wieder unsichtbar, diesmal als Steinzeitforscherinnen.« (1993, 37)

Tatsächlich bedarf es einer besonderen Aufmerksamkeit, um diese Techniken zur Geltung zu bringen. Während die paläo-indianischen Jäger mit relativ standardisierten Werkzeugen wie Pfeilspitzen arbeiteten, die einen entsprechend hohen Wiedererkennungswert haben, wurden andere technische Verrichtungen mit nicht-standardisierten Steinwerkzeugen ausgeführt, die bei Leder- oder Holzarbeiten Einsatz fanden. Diese sind Gegenstand sorgfältiger Analysen – beispielsweise von Gebrauchsspuren –, die diese Werkzeuge in ihrem technischen Zusammenhang würdigen.

Kann es also sein, dass die so untersuchten Gesellschaften sehr viel »technisierter« waren, als die Analysen allein der Bisonjagd nahelegen, dass die Jagd nämlich in einem sehr viel größeren gesellschaftlichen Zusammenhang steht? Ein mögliches Gesamtbild könnte so aussehen, dass die Männer die harte Arbeit der Jagd machten und dass die Techniken der Frauen weich sind wie die Objekte, die sich historisch kaum erhalten. Tätigkeiten wie das Kochen oder Weben hinterlassen offenbar nur schwache, praktisch keine steinernen Spuren, die in der Gegenwart ankommen könnten. Eine andere Rekonstruktion bestünde darin, dass zur männlichen Jagd vielleicht auch das bisher weiblich assoziierte Säubern der Felle gehört oder umgekehrt sogar ein Ritual, in dem festgelegt wird, wer was wann jagt. Bei alldem bleibt mit archäologischen Mitteln oft gänzlich unentscheidbar, ob eigentlich in dieser Arbeitsteilung dem Erlegen des Tiers das höchste kulturelle Prestige zukommt. Auf die Bedeutsamkeit dieser Fragen bis in die heutige Zeit hinein macht Marcia Anne Dobres aufmerksam:

»Schon die Vorstellung, dass prähistorische und steinzeitliche Technologien vermutlich eine männliche Domäne waren, [...] sagt mehr über unsere gegenwärtige (westliche) Geschlechterideologie aus [...] als über irgend eine innere Prägung von prähistorischen Männern oder Frauen [...] die weiblichen Reproduktionstechnologien wurden typischerweise als inhärent, natürlich, biologisch beschrieben. Auch heute noch würden nur wenige die ›natürlichen‹ Verhütungs-, Empfängnis- und Gebärpraktiken oder

Strategien beim Stillen als Technologien bezeichnen, wenn sie nicht irgendwelche hoch-technisierten Geräte einbeziehen.« (Dobres 2000, 15 f., vgl. 105f., 118)

Im Zusammenhang mit der allgemeinen Fragestellung nach Fortschrittserzählungen und archäologisch rekonstruierten Systemen der Gleichzeitigkeit nimmt der Exkurs über paläo-indianische Archäologie größere Bedeutung an. Gerade die »männlichen« Techniken der Jagd sind es nämlich, die eine Geschichte haben und darum eine spezifische Kulturleistung darstellen, auch wenn diese im Lauf des technischen Fortschritts immer wieder überholt wird. Und umgekehrt: Was sich in eine Fortschrittserzählung fügt, wird dementsprechend aufgewertet. Das besondere an den Paläo-Indianern wäre hiernach, dass sie überhaupt (schon) Steinwaffen benutzten. Ihre Pfeilspitzen sowie deren spezifische Formen und Fertigungstechniken stellen sie in eine Reihe mit anderen Völkern und späteren Zeiten, aber auch mit der Weiterentwicklung von Jagdwaffen. Dagegen werden Kochen, Nähen, Gebären, Stillen, Geschichtenerzählen implizit als Naturkonstanten gesehen, die ohne technische Besonderheit sind und es darum nicht verdienen, im Rahmen einer Geschichte des technischen Fortschritts gewürdigt zu werden.

Die Kamera und der Fortschritt der Technisierung

Die paläo-indianischen Archäologen sollen sich nicht nur auf die Technik des Jagens beschränken, sondern die Technisierung dieser steinzeitlichen Lebensform insgesamt in den Blick nehmen. Dies ist eine Forderung, die einer Norm Ausdruck verleiht: Anstatt im Rahmen von Fortschrittserzählungen die jeweils neueste und spektakulärste Technik zu privilegieren, sollten wir lieber darauf achten, was unsere Herkunft, unseren Alltag technisch strukturiert. Warum jedoch sollen wir das und sollten wir nicht mindestens genauso darauf achten, in welche Richtung Technisierungsprozesse fortschreiten und womöglich immer tiefer in unser Zusammenleben eingreifen?

Auf die Frage nach dem Sollen gibt es mindestens zwei Antworten, da es sich um ein erkenntnistheoretisches oder um ein ethisches Sollen handeln könnte. Erkenntnistheoretisch gesprochen sollen verführerische Fortschrittslegenden nicht den Blick auf wesentliche Zusammenhänge verstellen. Angesichts des Internets und neuester Kommunikationstechnologien schmeicheln wir uns beispielsweise, wir lebten in einer sogenannten Wissensgesellschaft, deren wirtschaftliche Grundlage nicht im Austausch von Gütern, sondern in der freien Zirkulation von Ideen und Dienstleistungen bestehe. Unterdessen richtet sich die Organisation der Gesellschaft einschließlich ihrer Hierarchien und Repräsentationsformen weiterhin an den Bedingungen der klassischen Industriegesellschaft aus – und unser familiäres Zusammenleben trägt immer noch die Züge einer vorindustriellen Kultur. Wir haben also womöglich gar kein Recht, in diesem System des Gleichzeitigen dem relativ Neuen eine überragende Rolle zuzusprechen. Über den erkenntnistheoretischen Aspekt hinaus geht es aber auch um ein angemessenes Technikverhältnis, also um das ethisch-politische Problem, wie wir in ein freies Verhältnis zur Technik und Technikentwicklung treten, Alternativen erkennen und verfolgen können.

Gegenüber beiden Aspekten des Sollens wirken die positiv oder negativ bewertenden Fortschrittserzählungen so mystifzierend wie die im Einleitungskapitel diskutierten Romanzen und Tragödien. Einerseits verstellen sie den Blick, andererseits machen sie unfrei. Aber so gerechtfertigt dieser Vorwurf auch sein mag, trifft er gleichermaßen auf die Auffassung der Technikgeschichte als archäologisch erschließbare Schichtung abfolgender Lebensformen zu. Wenn jede Lebensform eine bereits maximal technisierte, zumindest zeitweilig selbstgenügsame Ganzheit darstellt, legt dies dann nicht seinerseits die Mystifizierung nahe, dass sich jede Lebensform in einem harmonischen Gleichgewicht befindet, dass jede Gesellschaft an ihre Technik und alle Technik an ihre Gesellschaft angepasst ist und dass wir immer gerade die technischen Strukturen vorfinden, die unsere Form des Zusammenlebens auch verlangt – und sei es nur, weil diese Form des Zusammenlebens von eben jenen Strukturen geprägt ist?

So gerechtfertigt dieser Einwand auf den ersten Blick auch sein mag, trifft er auf Bruno Latour und deutlicher noch auf Alexander Kluge nicht zu, zumal Letzterer von Theoretikern wie Georg Lukács, Theodor Adorno und Ernst Bloch lernen konnte, wie sich innerhalb einer schier unangreifbaren Totalität feine Bruchlinien und Verwerfungen aufspüren lassen, die Rückschlüsse darauf erlauben, dass natürlich doch nicht alles widerstandslos in einem Ganzen aufgeht. Auf mindestens viererlei am eigenen Leib erfahrene Gewalt stoßen wir daher bei Alexander Kluge.

Zunächst wird alle Arbeit und alle Technik als Gewalteinwirkung und als Beitrag zur Errichtung einer zivilisierten Gegennatur verstanden. In einem zweiten Schritt fordert dies zu Differenzierungen heraus, denn Gewalteinwirkung durch den technischen Kraftgriff Kaiserschnitt ist doch etwas anderes als der maieutische Feingriff der Hebammenkunst. Diese Differenz begründet sich in der Weise, wie die feingliedrigen Selbstregulierungen des situativ verorteten, lebendigen Gegenstands beachtet werden und in das technische Handeln einfließen. So oder so wird aber drittens der selbstregulierenden Natur und der Lebendigkeit einer Situation Gewalt angetan. Dies ist etwa die Gewalt, die sich Menschen auch selbst zufügen, indem sie überschüssige Kraft anwenden, wo behutsame Feingriffe wirksamer wären. Schließlich geht es aber um die Gewalt des Geschichtlichen selbst gegenüber der Beharrlichkeit und dem Eigensinn von Körper, Wunsch und Gefühl. Diese Gewalt geht von den Romanzen und Tragödien und von den großen und kleinen Erzählungen aus, mit deren Hilfe wir den technischen Fortschritt festschreiben. Wo nun so viel Gewalt der Kraft- und Feingriffe herrscht, da ist eine Mystifizierung des großen Ganzen nicht möglich, da sind Differenzierungsvermögen und politische Auseinandersetzung gefordert. Und wenn es nun darum geht, den großen Erzählungen von fortschreitenden Technisierungsprozessen doch einen Sinn abzugewinnen, dann weicht das ursprüngliche Misstrauen der Zuversicht, dass auch diese Geschichten neue Erkenntnisse ermöglichen, dass auch sie einen kritischen Abstand produzieren und Gestaltungsspielräume eröffnen.

Für die archäologische Betrachtung der Technikgeschichte als Abfolge von Lebensformen spricht, dass sie der Erfahrung des Technischen gerecht wird. Schon damit wir nicht schlafwandlerisch unsere technisierte Welt durchirren, soll gerade jene Technik sichtbar gemacht werden, die ganz vertraute Abläufe und Handlungsweisen strukturiert. Dieser Ansatz lässt das Neue beiseite, und man kann gegen ihn argumentieren, dass die Erfahrung des Technischen gerade die Erwartung und Erfahrung des Neuen, des Künstlichen, des Gegennatürlichen ist (Kaminski 2004). Die altbekannten Techniken werden zur zweiten Natur und fallen nur dann auf, wenn sie nicht funktionieren. Dagegen überraschen, beglücken und erschrecken uns neue Erfindungen und Produkte. Angesichts dieses Neuen lässt sich sinnvoll von Technisierungsprozessen reden: Es gab Jahrhunderte, vielleicht Jahrtausende ohne wesentlich Neues, während wir heute in der permanenten Erwartung der technischen Innovation leben. Technisierungsprozesse geben die Entwicklungsrichtung an, die unsere Erwartungen auf noch kleinere, schnellere, billigere, freundlichere Technologien speist. Angesichts dieses Neuen kann aber auch eine Begegnung mit der Technik stattfinden. Wir werden ihrer auf besondere Weise gewahr, indem wir den Aspekt des Technischen an der neuen Technik erfahren und reflektieren.

Ein Sinnbild für die Bedeutung von Technisierungsprozessen ist die Kamera. Gemeint ist der Fotoapparat, der zunächst ganz fest auf einem Stativ stand und irgendwann handlich wurde, der sich zur Filmkamera entwickelte, Bilder zunächst analog aufzeichnete und sie heute digital produziert. Dieser Apparat hat also selbst schon eine spannende Geschichte und partizipiert an vielen Technisierungsprozessen, auf die hier im Einzelnen nicht eingegangen werden kann. Dies sind Entwicklungen etwa der Medialisierung, der Virtualisierung, der Digitalisierung, der Informatisierung, der Miniaturisierung – lauter Prozesse übrigens, für die es wie auch für das Wort »Technisierung« keine englischen Ausdrücke gibt.

Der Fotoapparat ist nicht nur selbst eine technische Erfindung, sondern ein Zeuge von Technisierungsprozessen. Seit dem 19. Jahrhundert inszeniert und objektiviert er die Begegnung mit dem technisch Neuen und sieht, was ein individuelles Auge nicht erfassen kann: Im Fotoapparat begegnet die Technik sich selbst und wird gewissermaßen reflexiv. Dieses Reflexivwerden der Technik ist vielleicht der tiefste Einschnitt, wenn wir die Technisierung unserer heutigen Lebenswelt von »weniger technisierten« Epochen grundsätzlich unterscheiden wollen. Mit dem Fotoapparat wird uns das Sehen als ein technischer Vorgang bewusst und zugleich die Erweiterung unseres Wahrnehmungsapparats mittels Technik, da der Fotoapparat selbst im Dunkeln, aus dem Weltraum, im Inneren des Körpers immer noch etwas »sehen« kann.

Um genauer zu verstehen, was gemeint sein kann, wenn Technisierungsprozesse auf ein Reflexivwerden der Technik hinauslaufen, müssen wir kurz die Idee eines »historischen Prozesses«

klären. Wie unterscheidet sich eigentlich ein Technisierungsprozess von der bloßen Abfolge technisierter Lebensformen? Zwar vollzieht sich beides in der Zeit, aber eine bloße Veränderung über einen Zeitraum hinweg zählt noch nicht als ein historischer Prozess. Auch bloß physische Bewegungsabläufe und Prozesse brauchen Zeit, schaffen ein Vorher und Nachher. Charakteristisch für physische Prozesse ist, dass sich etwas entlang einer raum-zeitlichen Bahn bewegt, dabei aber unverändert erhalten bleibt: ein Projektil auf seiner Trajektorie, ein Atom auf dem Weg von einer molekularen Konfiguration zur nächsten. Die Lage, der chemische Stoff, die Energiezustände ändern sich, aber das Projektil und das Atom bleiben sich gleich – die physische Veränderung scheint ihnen nur zu widerfahren. In einem historischen Prozess dagegen verändert sich das historische Subjekt oder Objekt, das an der Veränderung seiner Welt teilhat.

Mit einem Technisierungsprozess ist nicht bloß eine technische Entwicklung, die Zunahme oder Ausbreitung der Technik gemeint. Wenn von Informatisierung geredet wird, dann meint das zwar zunächst den Fortschritt der Informationstechnologien, aber vor allem die Veränderung der Gesellschaft im Zeichen dieser Technik. Informatisierung der Gesellschaft bedeutet, dass selbst dort, wo die Informationstechnik nicht zum Einsatz kommt, kontextuelles Wissen und unablässige Wissenssuche in dem Format der isolierbaren Information und des Informationsaustauschs aufgegangen sind. Deutlicher noch wird dies an der sogenannten Medikalisierung der Gesellschaft. Hier erfasst das von der Medizin repräsentierte technische Modell von Krankheit und Gesundheit auch Bereiche der Gesellschaft, die mit der Medizin gar nichts zu tun hatten: Medikalisierung heißt, dass mehr und mehr Verhaltensweisen oder gesellschaftliche Auffälligkeiten als Krankheiten definiert werden, für deren Behandlung Expertenwissen und pharmazeutisch-technische Lösungen benötigt werden. Fragile Ökosysteme, unkonzentrierte Schulkinder, ganze Wirtschaftszweige werden als krank und behandlungsbedürftig diagnostiziert, die Diskussion über geeignete Maßnahmen tritt an die Stelle einer kritischen Selbstreflexion der Gesellschaft. Informatisierung und Medikalisierung bewirken also vornehmlich eine Veränderung des Blicks, aber auch eine Veränderung des Sehens und somit des historischen Subjekts. Unsere Wahrnehmung ist an technischen Vorbildern geschult und projiziert diese nun in alle Lebensbereiche. Das fotografische Sehen ist ein treffendes Sinnbild dafür, wenn nämlich ein Spaziergang in der Natur eine Art Raubzug wird, in dem es vor allem darum geht, die Erfahrung in Bilder zu bannen und nach Hause zu tragen. Der so technisierte Blick kann auch dann noch prägend sein, wenn wir die Kamera zu Hause lassen, vielleicht sogar bewusst zu Hause lassen, um uns ihrem Diktat zu entziehen – immer noch sehen wir überall schöne Bilder, Szenerien, Aussichten und wünschen uns heimlich, wir hätten den Apparat doch dabei. Die Technisierung des Ausflugs in die Natur erreicht derzeit eine nächste Stufe. Fotoapparat, Internet und GPS arbeiten zusammen, damit schon während der Wanderung der Computer daheim jeden Schritt kartiert, die erbeuteten Landschaftsbilder den Aussichtspunkten zuordnet und ein Reisejournal erstellt. Der Ausflug in die Natur hat somit ein technisches Doppel, das uns wie der eigene Schatten in Echtzeit begleitet – und diese Verdoppelung der Erfahrung durch ihre Medialisierung ist ein weiteres Merkmal der Technisierung in einer reflexiv oder selbst-bezüglich gewordenen Welt.

Die These eines oder vieler historischer Technisierungsprozesse läuft also darauf hinaus, dass sich die Menschen, die Gesellschaft, die Kultur und vielleicht die Technik selbst in diesem Prozess verändern, dass ihnen die Technisierung nicht nur zustößt und ansonsten alles gleich bleibt. Unter unterschiedlichen technischen Bedingungen kann beispielsweise der Blick auf unterschiedliche Weisen technisiert werden: Da sind der scharfe Blick des steinzeitlichen Jägers und Spurenlesers, der musternde Blick eines Bürgers in einer hierarchisch strukturierten Industriegesellschaft, der zerstreute Blick des massenmedialen Konsumenten, der motiverzeugende Blick des digital ermächtigten Hobbyfotografen. Jede dieser Wahrnehmungsweisen entsteht zusammen mit der Entwicklung und Verbreitung einer Technik und wirkt weit über sie hinaus in gesellschaftliche Verhältnisse hinein.

Die Technisierung der Wahrnehmung ist ein kultur- und technikphilosophisch besonders beliebtes Thema (z.B. Böhme 2008; Baudrillard/Böhringer/u.a. 1989). Einige der in diesem Zusammenhang entwickelten Auffassungen beziehen sich auf langfristige Entwicklungen, andere sind eng an spezifische Technologien und kürzere Zeiträume gebunden. So meint etwa Gernot Böhme (*1937), die neuzeitliche Wissenschaft zeichne sich dadurch aus, dass sie sich von der sinnlichen Wahrnehmung überhaupt unabhängig zu machen suche: »Als wissenschaftliches Datum gilt letztlich nicht, was in sinnlicher Wahrnehmung gegeben ist, sondern was sich am Apparat zeigt.« (Böhme 2008, 245) Dagegen zeigt gerade die Geschichte des wissenschaftlichen Objektivitätsbegriffs, dass es sich hier um keine lineare Entwicklung handelt, sondern dass beispielsweise in der Physik die apparateorientierte mechanische Objektivität des 19. Jahrhunderts einer kollektiven Urteilskraft wich, als im 20. Jahrhundert für Nebelkammerexperimente ermittelt werden musste, ob hier oder dort ein interessantes physikalisches Phänomen sichtbar werde (Daston/Galison 2007). Und an den Visualisierungsstrategien der heutigen Physik ist vor allem bedeutend, dass mit höchstem technischem Aufwand zumindest die Illusion unmittelbarer Sinnlichkeit erzeugt wird. Wer also von historischen Technisierungsprozessen sprechen will, sollte sich darum nicht schon auf großkalibrige Geschichtsphilosophie festlegen, wie sie auch von Böhme skeptisch eingeschätzt wird: »Die geschichtsphilosophischen Techniktheorien muten heute als großartige aber fantastische Spekulationen an. Sie sagen einem nichts, gerade weil sie die Technikentwicklung als unbewussten Vorgang oder übermächtiges Geschick ansehen. Sie wirken daher wie eine metaphysische Verbrämung der Rede vom Dämon Technik.« (Böhme 2008, 31)

In diesem Sinne soll nun mit gebotener Vorsicht gefragt werden, ob sich angesichts vielfältiger Technisierungsprozesse ein Einschnitt bezeichnen lässt, an dem die Technik beginnt, sich auf sich selbst zu beziehen und reflexiv zu werden. Ausgangspunkt dafür ist eine Technisierungsgeschichte der Fortbewegungsmittel.

An und für sich ist eine Reise von Darmstadt nach Paris noch längst kein historischer Prozess, schließlich bleibt die Reisende gewöhnlich, wer sie ist, und verändert nur ihre Koordinaten in Raum und Zeit. Sie bewegt sich auf einer rein physischen Bahn, aber tut dies mit ganz unterschiedlichen Mitteln. Sie geht zu Fuß, reitet, fährt mit der Kutsche, dann mit der Eisenbahn, dann mit dem Auto, und schließlich fliegt sie mit dem Flugzeug. Wie verändert sich nun unsere Reisende in der Abfolge der Transportmittel und wie verändert sich, was Technik ist? Die Antwort auf diese Fragen beginnt mit einem ersten Blick auf die Verkehrsmittel selbst, die zunächst einmal größere Reichweite und schnellere Ankunft zu bieten haben. Nun bezieht sich die größere Reichweite auf den Körper, der unterschiedlich große Distanzen zurückzulegen vermag. Dieser Körper ist mittels der Technik gewissermaßen erweitert worden, wobei sich aber nicht der Körper selbst verändert hat, sondern unsere Verfügungsgewalt und unser Repertoire technischer Tricks, mit denen wir einen immer noch behäbigen Leib auf eine bewegliche Plattform setzen und beschleunigt an sein Ziel befördern. Ernst Kapp nennt diese Art der technischen Erweiterung Organprojektion, der Anthropologe Arnold Gehlen spricht von Organentlastung, Organersatz oder Organüberbietung.

Hieran knüpft sich nun ein anderer Gesichtspunkt an. Der solchermaßen technisch erweiterte Körper mag so behäbig und kraftlos bleiben, wie er war, oder sogar noch behäbiger und kraftloser werden. Aber da er nun in eine technische Schale eingepasst ist, kann das Schalentier Mensch andere Erfahrungen machen, andere Bedürfnisse entwickeln, andere Sozialbeziehungen eingehen (Arendt 1967, 411). Je nachdem, wie schnell die Landschaft an uns vorbeifliegt, erfahren wir sie anders und erfahren auch den Abstand der Städte anders. Wer sich beispielsweise in die Schale des Automobils begibt, hat Durst nach Benzin, bedarf breiter Straßen mit einer ausreichenden Anzahl von Tankstellen. Und wer sich an die im Einleitungskapitel zitierte Passage von Langdon Winner über den Zusammenstoß zwischen der Welt des Fußgängers und der Welt des Autofahrers erinnert, weiß um den Unterschied der Sozialbeziehungen.

Nun tritt jedoch spätestens beim Übergang zum Flugzeug ein weiterer Gesichtspunkt hinzu. Hier haben wir es nämlich nicht mehr nur mit der Erweiterung oder Überbietung des Körpers zu tun, sondern mit seiner Überforderung. Damit unsere Parisreisende während ihres Flugs in 10000 Metern Höhe überhaupt überleben kann, muss ihr die Technik entgegenkommen und den nötigen Druckausgleich in der Kabine schaffen. Diese Technik des Druckausgleichs ist einzig dazu da, den Menschen an die Bedingungen der Technik anzupassen und umgekehrt die Technik an den Menschen. Sie dient nicht mehr der Naturbeherrschung, sondern der Technikbeherrschung. Und an dieser Stelle wird die Technik reflexiv.

Günther Anders deutet diesen Moment als eine geschichtsphilosophische Zäsur: Die Technik vollziehe sich nicht mehr im

Medium der Geschichte, sondern die Geschichte im Medium der Technik (Anders 1961, 276-293). Seine Anhaltspunkte dafür sind die Mediengesellschaft, aber insbesondere die Atombombe. Wie wir bereits im letzten Kapitel sahen, kommt das Vorstellen im Zeitalter der Atombombe dem Herstellen nicht hinterher. Wir wissen nicht mehr, was wir tun, weil wir uns die Ausmaße dessen nicht vorstellen können, was wir bereits hergestellt haben und tun können. Nunmehr geht also der historische Entwurf nicht mehr dem voraus, was wir mit unseren Mitteln zu bewerkstelligen suchen. Unser Handeln ist angesichts der Atombombe nämlich vor allem daran orientiert, die von uns technisch möglich gemachte Katastrophe zu verhindern. Das Zerstörungspotenzial all dessen, was wir herstellen, gibt den Rahmen vor, an den sich Gesellschaften anpassen, um überhaupt »zukunftsfähig« zu bleiben: Ob es eine Zukunft oder eine Menschheitsgeschichte geben wird, ist nun also eine Frage der Technik – ob bestimmte Waffen zum Einsatz kommen oder ob wir eine katastrophale Erderwärmung noch verhindern können.

Das Reflexivwerden der Technik muss aber nicht als katastrophische Zäsur verstanden werden, die darauf hinausläuft, dass sich politisch-historisches Handeln technischen Sachzwängen unterwirft. Bevor wir auf eine Darstellung stoßen, die dieses Reflexivwerden vor allem als eine neue politische Situation begreift, müssen wir noch einmal zu unserer Geschichte der Verkehrsmittel zurückkehren und sie um einen Schritt weiterführen – unserem Sinnbild des Technischen gemäß.

Ich gehe zu Fuß, fahre mit der Kutsche, dann mit der Eisenbahn, dann mit dem Auto, dann fliege ich mit dem Flugzeug, und schließlich reise ich mit der Kamera nach Paris – sei es, dass ich einen Bericht im Fernsehen sehe, sei es, dass ich telekommunikativ oder telepräsent – »virtuell« – in Paris bin, sei es, dass ich physisch mit dem Kameraauge in der Stadt unterwegs bin.

Dies bedeutet zunächst eine Verdoppelung der Erfahrung, eine Ablösung der Wahrnehmung vom Körper. Ich werde damit selbst zum Doppelwesen, das ein biologisches und ein technisches Auge hat. Die Organerweiterung wird hier aber weitergetrieben zu einer Art Organentäußerung oder -stellvertretung: Die Technik übernimmt eine Sinnesfunktion und unterstützt nicht mehr nur die Muskelkraft. Mit dem Kameraauge habe ich mehrere Standpunkte, einen subjektzentrierten und einen zerstreuten, verflüssigten Standpunkt, der die Welt buchstäblich zu überfliegen vermag.

Die Kamera, das Kameraauge markiert das Reflexivwerden der Technik, ein technisches Auge, das die technisierte Welt in den Blick nimmt – wie dies Dziga Vertovs Film *Ich bin eine Kamera* aus dem Jahr 1924 tut, der das Kinoauge in den Mittelpunkt stellt. Die Kamera markiert womöglich den letzten Schritt in der fortschreitenden Geschichte unserer Fortbewegungsmittel: Jetzt haben nicht mehr nur unsere Gedanken Flügel, sondern auch unsere Wahrnehmungen. Dies provoziert weitere Technisierungserzählungen, auch – an die bisherige Erzählung anknüpfend – die Technisierungsgeschichte Arnold Gehlens.

Eine Aufsatzsammlung aus dem Jahr 1964 markiert das Reflexivwerden der Technik mit dem treffenden Titel *Technik im technischen Zeitalter*. Hier geht es eben nicht mehr um die Technik in der Welt, sondern spezifisch um technische Entwicklungen und technisches Denken in einem bereits technisierten Zeitalter. Dies könnte dem von Anders diagnostizierten Phasenwechsel entsprechen, ist aber nicht so gemeint. In diesem Buch werden »Stellungnahmen zu einer geschichtlichen Situation« zusammengeführt, die sich einer quasi-biologischen Evolutionsgeschichte verdankt. Laut Arnold Gehlen (1904–1976) dürfen wir diese biologische Evolutionsgeschichte auch wörtlich nehmen.

Auf die Kamera geht Gehlens Buchbeitrag »Anthropologische Ansicht der Technik« nicht explizit, wohl aber implizit ein. Gehlen bezieht sich auf ein »Gesetz« der technischen Entwicklung, von dem er überzeugt ist und dem zufolge die Technik wie bei Kapp das Innere nach außen verlegt und objektiviert. Dies diene der Entlastung – anstrengende Körperarbeit kann nun von Werkzeug oder Maschine übernommen werden. Zur Konzeptualisierung dieses Wechselspiels von Innen und Außen wird der Mensch bereits »kybernetisch« als Maschine oder Automat beschrieben. Charakteristisch für den kybernetisch beschriebenen Menschen ist der technische Regelkreis oder Rückkoppelungsmechanismus, »der am einfachsten durch die arbeitende Hand und das kontrollierende Auge dargestellt wird« (Gehlen 1965, 107). Diese Rückkoppelung zwischen dem, was die Hand ausrichtet, was das Auge sieht, wie sich die Hand darauf einstellt, was das Auge die Hand nun tun sieht usw., entspricht dem geistigen Aufwand auch bei den einfachsten Verrichtungen. Im Verlauf der Technikentwicklung werden nun nicht allein die Verrichtungen der arbeitenden Hand nach außen verlegt und an Maschinen delegiert. Durch Technisierung des ganzen Regelkreises und seine Verlegung nach außen wird auch »der geistige Aufwand des Subjekts durch technische Mittel entbehrlich gemacht« (1965, 107). Hier kommt das den automatisierten Arbeitsablauf kontrollierende Kameraauge ins Spiel, das Beobachtung und Kontrolle übernehmen und sogar Justierungen veranlassen kann.

Die ohnehin schon technisch »entsubjektivierte« Rückkoppelung von Auge und Hand, die alles menschliche Handeln regelt und somit ein »menschliches Urphänomen« ist (108), wird nun nach außen verlegt. »Entsubjektiviert« ist sie darum, weil es hier nicht um Kontrolle und Abstimmung von Erwartungen und Zusammenhängen geht, sondern um optimale Reaktion auf das Unerwartete, also auf die sich präsentierenden Daten. In diesem automatisierten Reaktions- und Anpassungszusammenhang geht also die geistige Tätigkeit des Menschen auf. Gehlen fragt nun nach dem Nutznießer dieser Entwicklung. Wer hat etwas davon, dass das historische, handelnde, geistig tätige Subjekt im Namen fortschreitender Entlastung durch die Technik abdanken muss? Dieser Nutznießer ist nicht der einzelne Mensch, wohl aber die Gattung Mensch, die sich – »ein bedrückender Vorgang« – bevölkerungsexplosiv verdoppelt (106, vgl. 114). Indem er dies einen bedrückenden Vorgang nennt, beklagt Gehlen durchaus das blinde Wirken eines evolutionären Gesetzes, das mehr oder minder kontinuierlich wirkt und »in rein biologischem, pathoslosem Sinne« das Menschengeschlecht befördert (106): »Dieses Gesetz sagt ein innertechnisches Geschehen aus, einen Verlauf, der vom Menschen als Ganzes nicht gewollt worden ist, sondern dieses Gesetz greift gewissermaßen vom Rücken her oder instinktiv durch die gesamte menschliche Kulturgeschichte hindurch.« (107)

Dieses »innertechnische Geschehen« schafft Möglichkeits- oder Freiheitsräume, in die »wie in Nischen sofort das menschliche Leben im biologischen Sinne« drängt (114). Sie verlangen dem Menschen eine Anpassungsleistung ab, die nicht vom Bewusstsein erbracht werden kann, sondern den Körper und die Bedürfnisse des Menschen, seine Bestimmung und Selbstbestimmung einschließen. So wie die Menschen einander kolonisiert haben, werden sie auch von der technischen Entwicklung kolonisiert. Gehlen beschreibt in diesem Sinne etwa den Übergang von der Agrar- zur Industriegesellschaft:

»Die gesamte eingewöhnte Denk- und Affektlage der Betroffenen wird aus dem Gleise gebracht, und es entstehen außer neuerweckten Bedürfnissen auch zahlreiche Schockreaktionen, die von Neurosen, Massenhysterien und Panikzuständen bis zur Stumpfheit und Apathie reichen. [...] Nie gelingt jedoch das Unternehmen der Anpassung einer so im eigentlichen Sinne aus der Bahn geworfenen Bevölkerung allein vom Bewußtsein her. [...] mit seinen natürlich-organischen Hilfsmitteln und dem, was er mit seinen Händen zustande brächte, könnte sich ein einzelner zwar in der rohen Natur, aber keine drei Tage in einem nicht-funktionierenden technisch-industriellen System halten.« (111 f.)

Um diesem evolutionären Prozess einen drastisch buchstäblichen Ausdruck zu verleihen, spitzt Gehlen eine Formulierung von Hannah Arendt zu: »So gesehen ist es nicht übertrieben, mit Hannah Arendt (Vita activa) zu sagen, daß die Apparate, die wir einst frei handhabten, nunmehr anfingen, so zu unserem biologischen Leben zu gehören, daß es ist, als gehöre die menschliche Spezies nicht mehr zur Gattung der Säugetiere, sondern beginne sich in eine Art Schalentier zu verwandeln.« (113)

Hannah Arendt entwickelte die Vorstellung des Menschen als technisch gewappnetes Schalentier aus einer Geistesgeschichte der Frühen Neuzeit heraus. Mit seiner Annahme eines »instinktartigen, unbewußten Verlaufs« der Technikentwicklung geht Gehlen weit darüber hinaus. Sein menschliches Schalentier ist ein Tier auch deshalb, weil es geistig abgedankt hat. In diesem Sinn knüpft Gehlen an ein Heisenberg-Zitat an, dem er bei Arendt begegnet und dem zufolge die Technik »ein biologischer Vorgang im Großen ist« (113).

Auf dieser Grundlage hat Gehlen 1964 eine Diagnose und Voraussage getroffen, die Zyniker für weitsichtig halten mögen. Unsere geistige Anpassung an die Technik im technischen Zeitalter bedeute nämlich das Nachlassen unseres Bedürfnisses nach Freiräumen für reale Lebensgestaltung und entsprechend etwa des Unternehmergeistes, wie er im 19. Jahrhundert wirksam gewesen sei. Mit diesem Rückgang des authentisch Freiheitlichen verbindet sich die Erwartung, dass alle universalisierbaren Ansprüche bald nur noch als Rechte eingeklagt werden: als Recht auf Heilbehandlung oder auf einen sicheren Arbeitsplatz. Das Individuum ist »aus den enormen Mitteln der großen Industriegesellschaften heraus zu bedienen« (114f.).

Gegen die eigene kulturpessimistische Diagnose weiß Gehlen nichts zu mobilisieren – das gibt seine Technisierungserzählung nicht her. Dies hat sie mit anderen Darstellungen gemeinsam, die eine quasi-autonome Technikentwicklung postulieren und nur von deren Auswirkungen auf das menschliche Zusammenleben berichten können. Dem dabei vorausgesetzten Determinismus zufolge können wir Technik nicht gestalten und uns nur an sie anpassen, da ihre Entwicklung einer inneren Logik folgt und sich »hinter unserem Rücken« vollzieht.

Einen weiteren Zugang zu der Frage, wie sich Technik und Gesellschaft gleichermaßen dadurch verändern, dass die Technik im Verlauf der Technisierung zunehmend auf sich selbst bezogen ist, liefert noch einmal der Berliner Schlüssel. Vielleicht ist seine Ablösung durch Codeschlösser doch mehr als die bloße Ablösung einer Lebensform durch eine andere. Was wäre denn der Technisierungsprozess, der den Triumphzug der Codeschlösser begleitet, und wo steckt im Codeschloss das »mehr« an Technik? Die Antwort könnte lauten, dass in der Konstruktion des Codeschlosses mehr Ingenieurswissen steckt als im Berliner Schlüssel und dass an seiner Entwicklung eine größere Zahl von Ingenieursdisziplinen beteiligt waren. Schon auf der Herstellungsseite ist das Codeschloss demnach von der technisierten Welt abhängig und darum ein Produkt einer »Wissensgesellschaft«. Hier lässt sich also von einer »Technologisierung« der Technik sprechen (Häußling 1998, 120) und somit von einer Technik, die zur Lebensform einer selbst- und technikreflexiven Wissensgesellschaft gehört.

Mit Technologisierung der Technik in der Wissensgesellschaft ist gemeint, dass menschliche Beziehungen und technische Beziehungen zunehmend komplizierter werden und diese Komplexität gegenseitig befördern und eskalieren. Immer mehr technisches Wissen und gesellschaftliche Organisation ist nötig, um die Beziehungen zwischen den Menschen und die Beziehungen zwischen den Dingen aufrechtzuerhalten. Hierauf spielt der Begriff »Technologie« an. Der »logos« oder die Vernunft der Technik wird reflektiert und wissenschaftlich artikuliert, um Technik beherrschbar zu machen und die weitere Technikentwicklung zu gestalten. Die in der Technik bereits enthaltenen Prinzipien werden fruchtbar, nicht nur um Entwicklungstrends fortzusetzen, sondern um Voraussagen der Technikentwicklung und ihre Bewertung zu ermöglichen. Dieses Wissen um die Technik bleibt in den Werkstätten, Laboren und Instituten zurück. Es wird nicht mit dem technischen Artefakt veräußert. Je stärker die weitere Entwicklung der Technik von diesem Wissen abhängt, desto eher können wir von einer Wissensgesellschaft reden. Diese Gesellschaft lebt nicht davon, dass hergestellte Produkte ihren Besitzer wechseln, sondern dass für Menschen und Dinge Lizenzen erworben werden, die Zugang zum kumulierten, unveräußerbaren Wissen gewähren. Vorbild hierfür ist die meiste Software, die an Computer- und Programmierungstechnologien partizipiert und die der Nutzer nicht eigentlich kaufen, sondern nur zum temporären eigenen Gebrauch lizenzieren darf.

Die Wissensgesellschaft beruht also darauf, dass Technik in der technisierten Welt immer stärker mit Technikbeherrschung befasst ist und eine reflexive Technik in Bezug auf vorhandene Technik wird. Insofern die technisierte Welt uns herausfordert, mit neuen, von der Technik selbst erzeugten Problemen und Unsicherheiten umzugehen, befinden wir uns in der von Ulrich Beck so genannten »reflexiven Moderne«, die mit den Folgen der Modernisierung befasst ist (Beck/Giddens/Lash 2003).

Im Gegensatz zu den technikdeterministischen Ansätzen von Anders und insbesondere Gehlen geht die Analyse Becks und seiner Mitarbeiter von der Koproduktion technischer und gesellschaftlicher Komplexität aus. Sie verdankt sich keiner Eigenlogik technischer Entwicklung, sondern eher der wachstumsorientierten Produktionslogik des Kapitalismus, die aber nichts Naturwüchsiges ist, sondern politikfähig und beispielsweise in demokratischen Prozessen gestaltbar. Das Reflexivwerden oder die Technologisierung der Technik bedeutet demzufolge kein »Geschick«, sondern eine spezifische Herausforderung an demokratische Wissensgesellschaften, die sich dieser Herausforderung auch deutlich bewusst sind, indem sie über veränderte Formen der Wissensproduktion intensiv nachdenken (Nowotny/Scott/Gibbons 2004).

Dieses Kapitel hat einerseits gezeigt, dass wir gar keine einförmig verlaufenden Technisierungsgeschichten erzählen müssen, sondern uns an die Abfolge technischer Lebensformen halten können. Wir können über das Leben bei großer Geschwindigkeit reden, auch ohne zu unterstellen, dass die Technisierung eine zunehmende Beschleunigung aller Lebenszusammenhänge bewirkt. Wir können jede Lebensform nach ihren medialen Bedingungen befragen, ohne eine zunehmende Medialisierung zu behaupten. Darüber hinaus haben wir aber gesehen, dass auch Fortschrittsgeschichten und Technisierungsanalysen aufschlussreich sind und etwas von dem zum Vorschein bringen, was wir meinen, wenn wir allgemein über Technik reden. Hier sind wir grundsätzlich unterschiedlichen Entwürfen begegnet; zum einen eher dystopischen Thesen von Enthistorisierung, Entlastung und Entsubjektivierung zugunsten des blinden Fortpflanzungswillens oder Todestriebs der Gattung Mensch, zum anderen der geradezu utopischen Erwartung, dass unsere demokratischen Gesellschaften den Umgang mit Unsicherheiten erlernen werden, die für eine hochkomplex technisierte Welt charakteristisch sind.

4. Instrumentell oder kommunikativ – die Frage nach Technik und Wissen

Mit diesem Kapitel rückt die vierte Hauptfrage dieser Einführung in den Mittelpunkt. Es geht um Technik als übergreifende Rationalitätsform, also nicht nur darum, was für ein Wissen von Konstrukteuren oder Erfindern mobilisiert wird. Darüber hinaus soll gefragt werden, was für ein Denken sich in der Technik ausdrückt und sie charakterisiert. Damit wird einerseits die technische Rationalität in ein Verhältnis zum wissenschaftlichen Denken gesetzt, andererseits wird ihre Unterschiedenheit von gesellschaftlichen, historischen und ethischen Reflexionsformen hinterfragt.

Auch diese Frage wird in zwei Teilen behandelt. Diesmal gilt aber nicht, dass für zwei gegensätzliche Perspektiven gezeigt würde, inwieweit jede von ihnen aufschlussreich ist. Stattdessen haben wir es hier mit einer relativ neuen Entwicklung zu tun, die verspricht, eine überlieferte Auffassung durch eine neue zu ersetzen. Diese überlieferte und letztlich unhaltbare Auffassung sitzt allerdings ausgesprochen tief. Ihr zufolge ist technisches Denken ein instrumentelles Zweck-Mittel-Denken, dem es vor allem darauf ankommt, Problemlösungen zu finden oder angemessene Mittel zur Erfüllung vorgegebener Zwecke. Selbst wenn Technik mehr ist als das technische Artefakt, ein zweckdienliches Werkzeug oder Instrument, so ziele technisches Denken doch immer auf wohldefinierte, demnach eingegrenzte Aufgaben.

Technisches Denken wäre somit in zweifacher Hinsicht beschränkt. Erstens ist und zählt es weniger als wissenschaftliches Denken. Technik sei angewandte Wissenschaft, heißt es, und dies besagt vor allem, dass die Wissenschaft mehr kann und will. Und auch wenn Technik nicht ausschließlich angewandte Wissenschaft sei, sondern implizites und explizites Ingenieurs- oder Konstruktionswissen ins Spiel bringt, so sei es doch der Wissenschaft vorbehalten, den Raum dessen auszuloten und zu erweitern, was überhaupt technisch möglich ist. Der Technikhistoriker Paul Forman meint daher, dass bis etwa 1980 immer die Wissenschaft gemeint gewesen sei, wenn von neuen Technologien geredet wurde: Es sei allemal der wissenschaftliche Fortschritt, dem sich der technische Fortschritt verdankt. Selbst von den praxisorientierten Denkern Karl Marx oder John Dewey wie auch von den Lesern Martin Heideggers wurde der Wissenschaft dem Rang und der Rolle nach das Vorrecht eingeräumt (Forman 2007). All dies wird nun als Ausdruck der Tatsache verstanden, dass das technische Denken in einer zweiten, allgemeineren Hinsicht beschränkt ist. Während nämlich die instrumentelle Vernunft zweckrational einzig Mittel auf vorausgesetzte Zwecke beziehen kann, bedarf es einer reicher ausgestatteten und umfassenderen kommunikativen Vernunft, um Zwecksetzungen in Verständigungsprozessen zu reflektieren und zu legitimieren. Diese doppelte Beschränktheit technischen Denkens soll zunächst vorgestellt werden.

Die Vakuumpumpe oder die Entleerung der Gesellschaft

Es mag geradezu trivial anmuten, wenn ein technisches Instrument als Sinnbild der instrumentellen technischen Vernunft dient. Trotzdem soll hier ein im 17. und 18. Jahrhundert besonders bedeutendes wissenschaftliches Instrument den Ausgangspunkt der Überlegungen darstellen. An der Luft- oder Vakuumpumpe sehen wir einerseits, dass wissenschaftliche Instrumente Mittel zur Erreichung von Erkenntniszielen sind und dass mithilfe dieser Instrumente die gemessenen und beobachteten Dinge oder Organismen instrumentalisiert werden – aus ihren ursprünglichen Zusammenhängen gerissen, sollen sie etwas wissenschaftlich Interpretierbares aussagen. Ganz gemäß der Auffassung einer beschränkten instrumentellen Vernunft arbeitet somit das Instrument den Wissenschaften aus untergeordneter Stellung bloß zu. Und doch gewinnt es aufgrund seines privilegierten Stands im Prozess der Erkenntnisgewinnung eine besondere Autorität: Was das Instrument anzeigt und was das Experiment vorführt, das gilt auch. Aber gerade die Autorität des Instruments und des Instrumentellen wird immer wieder bestritten, insbesondere dann, wenn eine Pumpe, die zur Erzeugung eines Vakuums dient, zur Metapher für die Entleerung gesellschaftlicher Verständigungsprozesse durch die Vorherrschaft technischen Denkens wird. Schließlich führt uns aber die Reflexion auf die Vakuumpumpe zur Unhaltbarkeit der Auffassung, ein Instrument sei bloß etwas Instrumentelles.

Die Geschichte der Vakuumpumpe muss hier viel zu rasch und oberflächlich erzählt werden. Als sie von Otto von Guericke 1657 erfunden und von Robert Boyle in die naturwissenschaftliche Alltagspraxis eingeführt wurde, hieß sie noch »Luftpumpe«, da keineswegs entschieden war, ob wirklich ein Vakuum entsteht, wenn Luft aus einem Glasbehälter herausgepumpt wird. Zunächst war sie auch keineswegs ein Instrument im strengen Sinne, mit dessen Hilfe sich klare Erkenntnisziele verfolgen ließen. Im 18. Jahrhundert wurde sie darum auch als pneumatische Maschine bezeichnet und als eine Art Motor angesehen, der die Produktion vieler neuer Phänomene antrieb. Denn so viel war klar: Wenn Luft aus einem Glasbehälter herausgepumpt wird, entstehen Bedingungen, die in der Natur nicht vorzufinden sind. Indem Kerzen, Uhren, lebende Tiere, verschiedenste organische und anorganische Stoffproben unter die Glashaube gestellt wurden, traten wie auf einer kleinen Bühne zahllose neue Verhaltensweisen und Effekte in Erscheinung.

Zur Vakuumpumpe und einem wissenschaftlichen Instrument im engeren Sinn wurde die Luftpumpe erst, als sie in eine raffinierte Beweisführung eingespannt wurde und den Nachweis für die Existenz des Vakuums als eines leeren Raums erbringen sollte. Diese Beweisführung produzierte Robert Boyle 1660 mit der Darstellung seines »Vacuum-in-vacuo«-Experiments. Unter die Glashaube wurde nämlich ein Barometer gestellt, also ein mit Quecksilber gefülltes, oben geschlossenes Glasröhrchen, das nach unten offen in einem Quecksilberbad steht. Dem Luftdruck entsprechend fällt die Quecksilbersäule natürlich sofort ein wenig, und im oberen Teil des Glasröhrchens entsteht ein scheinbar leerer Raum, der wissenschaftlich äußerst umstritten war, da es nach Ansicht vieler Naturforscher keinen wirklich leeren Raum in der Natur geben konnte. Diese Streitfrage sollte nun die Luftpumpe beantworten. Wenn nämlich die Luft aus dem Glasbehälter herausgepumpt wird, fällt die Quecksilbersäule immer weiter. Und obwohl keine dieser Luftpumpen wirklich gut genug war, um ein echtes Vakuum zu erzeugen, zeichnete sich eine Tendenz ab, die auf eine sinnfällige Gleichung oder Gleichsetzung hinauslief. Durch Entleerung des Glasbehälters würde der Luftdruck abnehmen und die Quecksilbersäule schließlich ganz herunterfallen, so dass die Leere in dem Glasröhrchen in die Leere des Glasbehälters übergeht: das Vakuum und das Vakuum im Vakuum würden sich als ein und dasselbe herausstellen – sie sind nichts weiter als die Abwesenheit all dessen, was herausgepumpt wurde.

Sofort entsteht natürlich die Frage, ob dieses anschauliche Argument für das Vakuum eigentlich ein gutes Argument ist und wie viel Autorität einem Gerät zukommen soll, das uns einfach etwas zeigt. Das von der Luftpumpe vorgeführte Phänomen gehört keinem Wissenssystem an, in dem das Vakuum sinnlos oder sinnvoll wäre. Es ist ein bloßes Faktum, für das die angemessene Theorie erst entwickelt werden muss – und dies im Zusammenhang mit anderen maschinell erzeugten Fakten. Die Autorität eines Mittels besteht allein darin, dass es seinen Zweck erreicht. Aber darf es eine so unangefochtene Autorität geben, dass die Vernunft sich ihr ohne weitere Prüfung unterwerfen und die experimentell erzeugte Tatsache einfach anerkennen soll? Und was für eine Autorität ist das, wenn das bloße Faktum vorangeht und das Denken herausfordert, sich eine Interpretation auszudenken, die trotz ihrer Ausgedachtheit nicht willkürlich erscheinen darf? Um derlei ging es in einem Disput über die Luftpumpe und das »Vacuum-in-vacuo-Experiment« zwischen dem Naturforscher Robert Boyle und dem Philosophen Thomas Hobbes (Shapin/Schaffer 1985). Nicht nur um die Existenz oder Nicht-Existenz des Vakuums wurde da gestritten, sondern um die Behauptung, dass mittels eines technischen Instruments ein philosophischer Streit um eine Grundfrage mit wichtigen theologischen und politischen Implikationen beigelegt werden könnte. Die Integrität des Instruments als bloßes Mittel zum Zweck wurde da hinterfragt, einschließlich seiner physischen Integrität – ob beispielsweise das Glas wirklich undurchlässig ist. Und eben diese von Steven Shapin und Simon Schaffer eindrucksvoll rekonstruierte Kontroverse zeigt, dass die Luftpumpe mehr war und mehr bedeutete als ein bloßes Instrument.

In dieser Kontroverse tritt der Philosoph Thomas Hobbes als Kritiker Robert Boyles und der instrumentellen Vernunft auf. Er besteht auf der ordnenden Kraft einer umfassenderen kommunikativen Vernunft, deren aus der Erfahrung abgeleiteten guten Gründe die gesetzlichen Grundlagen schaffen, die allein den Zusammenhalt einer Gesellschaft garantieren können. Spielarten dieser Kritik eines bloß technischen Denkens tauchen auch noch in den technikphilosophischen Debatten des 20. Jahrhunderts auf. Im vorangegangenen Kapitel begegneten wir dieser Auffassung in Arnold Gehlens Behauptung, unsere geistige Anpassung an die Technik im technischen Zeitalter bedeute das Nachlassen unseres Bedürfnisses nach Freiräumen für reale Lebensgestaltung. Im gleichen Band wie Gehlens Text erschien der Aufsatz »Technik als Ideologie« von Friedrich Jonas. Er nimmt Gehlens These explizit auf und weitet sie zu einer allgemeinen Ideologiekritik aus. Demnach konzipiert das technische Denken die bürgerliche Gesellschaft als eine rational konstruierbare Gesellschaftsmaschine (Jonas 1965, 125). Auf der Grundlage dieser Vorstellung einer rational determinierbaren Welt entstehen Technokratien. Indem die Wünschbarkeit der Zweckerfüllung und der technischen Lösung sozialer Probleme vorausgesetzt wird, müssen nur noch die Mittel bestimmt werden, die notwendig sind, um das Ziel zu erreichen. Wenn es also eine funktionierende Gesellschaftsmaschine geben könnte, die beispielsweise eine gerechte Güterverteilung gewährleistet und unsere Ansprüche irgendwie befriedigt, wäre dies schon der Inbegriff einer rationalen und notwendig realisierbaren Ordnung, auch wenn diese Ordnungsvorstellung selbst zutiefst irrational ist. Rationales Verhalten bedeute »nicht Unterwerfung unter eine Notwendigkeit, sondern vielmehr Distanzierung von jeder vorgefunden Notwendigkeit«. Wer daher von der Notwendigkeit redet, ein technisch imaginiertes Gesellschaftsideal zu verwirklichen, zeigt, »daß er nicht von der Wirklichkeit, sondern von einer Vorstellung spricht, die aus dem Bedürfnis nach Entlastung geboren wird« (1965, 134, 136).

Friedrich Jonas profiliert die diagnostizierte Irrationalität von Technik als Ideologie, indem er sie der wissenschaftlichen Vernunft entgegensetzt und eine umfassende, an den Renaissance-Ingenieuren orientierte Ingenieurskultur fordert (1965, 120-122). Im Gegensatz zum technisch-utopischen Denken, das der Vorstellung einer optimierbaren Gesellschaftsmaschinerie zugrunde liegt, ist die Wissenschaft von einer kritisch-skeptischen Haltung gekennzeichnet. Wo das technische Denken das Wesen und die Wahrheit einer Sache damit gleichsetze, wie sie in der Erfahrung erscheint, reflektiere ein wahrhaft wissenschaftliches Denken das Verhältnis von Wissen und Wahrheit, Wesen und Erscheinung, Gerechtigkeit und Nützlichkeit (1965, 120 f.). Die von Jonas kritisierten Technokraten fallen dagegen in einen vorwissenschaftlichen Zustand zurück, indem sie die Konstruierbarkeit eines Weltzusammenhangs behaupten, in dem Erscheinung und Sein gewissermaßen zusammenfallen. Es komme aber vielmehr darauf an, das Wirkliche nicht schon für das Wahre zu halten. Die Naturwissenschaft fragt immer, ob sich unsere sinnlichen Eindrücke nicht vielleicht einer Wahrheit verdanken, die sich den Sinnen eben gerade nicht unmittelbar erschließt. Und für eine Gesellschaft, die sich selbst bestimmen und gegebenenfalls verändern will, ist die Differenz zwischen dem, was gerade wirklich ist, und dem, was in Wahrheit verwirklicht werden müsste, entscheidend. In dieser Differenz verbirgt sich eine Aufgabe der Vernunft, die vom rationalen Ordnungsideal der Technik abgeschnitten wird.

Die kulturpessimistische Technikkritik von Gehlen und Jonas findet ihr Echo in Herbert Marcuses Analyse von Technik als Ideologie, die allerdings nicht resignativ ist, sondern auf eine politische Veränderung zielt, deren Möglichkeit vorausgesetzt wird. Marcuse (1898–1979) geht es weniger um die technokratische Vorstellung einer Gesellschaft als Maschine oder aller sozialen Probleme als technischer Probleme. Wie Jonas kritisiert er das technische Denken als eindimensionales Denken, das Erscheinung und Sein oder Wirklichkeit und Wahrheit gleichsetzt (1967, 140). Er betont darüber hinaus, dass technische Zweckrationalität von gesetzten Zielen und gegebenen Situationen ausgehend Kontrolle ausübt. Technische Rationalität setze somit uneingestandene und unreflektierte politische und ökonomische Herrschaftsansprüche durch: »Der Begriff der technischen Vernunft ist vielleicht selbst Ideologie. Nicht erst ihre Verwendung, sondern schon die Technik ist Herrschaft (über die Natur, über die Menschen), methodische, wissenschaftliche, berechnete und berechnende Herrschaft. [...] in ihr ist projektiert, was eine Gesellschaft und die sie beherrschenden Interessen mit den Menschen und mit dem Denken zu machen gedenken.« (Marcuse 1965, 176)

An dieser Stelle ergibt sich eine Differenz zwischen Jonas und Marcuse einerseits, Marcuse und Heidegger andererseits. Was in der von Marcuse angesprochenen berechnenden Herrschaft projektiert ist, das ist nicht allein das allgemein Herausfordernde des Gestells, sondern nimmt konkrete ökonomische und politische Interessen in sich auf und dient ihrer Durchsetzung. Dabei ist die Technik als Ideologie nicht von der Wissenschaft geschieden. Im Gegenteil verkörpert die Wissenschaft das Berechnende und Beherrschende der Technik, und gerade die scheinbare Neutralität und Zweckfreiheit der Wissenschaft entspricht einer technischen Vernunft, die alle möglichen Herrschaftsansprüche projektieren und durchsetzen kann: So kann sich die »die befreiende Kraft der Technologie« in eine »Fessel der Befreiung« verkehren und die Instrumentalisierung der Dinge in die Instrumentalisierung des Menschen (1967, 147, vgl. 168, 180, 245): »Die Prinzipien der modernen Wissenschaft waren a priori so strukturiert, daß sie als begriffliche Instrumente einem Universum sich automatisch vollziehender, produktiver Kontrolle dienen konnten. [...]

Die wissenschaftliche Methode, die zur stets wirksamer werdenden Naturbeherrschung führte, lieferte dann auch die reinen Begriffe wie die Instrumente zur stets wirksamer werdenden Herrschaft der Menschen über die Menschen vermittels der Naturbeherrschung.« (Marcuse 1967, 172f.)

Marcuses Kritik zielt nun weder auf die Ablehnung der Technik als solcher noch (wie die Kritik von Friedrich Jonas) auf eine Orientierung an der naturwissenschaftsbasierten Technik der Renaissance-Ingenieure, aber auch nicht (wie die Kritik von Heidegger) auf eine Rückwendung zur ursprünglichen, poetisch hervorbringenden, nicht-modernen Technik oder Kunst. Marcuses Kritik zielt stattdessen auf Ermöglichung einer alternativen Wissenschaft und Technik, die über die technische Vernunft hinausgehen, indem sie eine humanisierte Natur schaffen.

Jürgen Habermas (*1929) setzt bei dieser Zielsetzung Marcuses an und begegnet ihr mit einer eigenen Kritik. Dabei diagnostizieren beide eine Trennung von gesellschaftlichen Bereichen derart, dass die Technik und die Produktion von Zweckrationalität oder instrumentellem Denken beherrscht sind. Wenn Habermas die Vorstellung von Technik oder technischer Vernunft als eine Art Ideologie hinterfragt und schließlich zurückweist, zieht er aus der gemeinsamen Diagnose ganz andere Konsequenzen als Marcuse.

Nach Habermas wird bei Marcuse im Herrschaftszusammenhang von Technik und Wissenschaft »Rationalität als Maßstab der Kritik entschärft und zum Korrektiv innerhalb des Systems herabgesetzt; was sich so noch sagen läßt, ist allenfalls, daß die Gesellschaft ›falsch programmiert‹ sei« (Habermas 1968, 51 f.). Dies ist Habermas nicht genug. Wenn dies allein sich allenfalls noch sagen ließe, wäre dies zu wenig für eine politisch wirksame Technik- und Wissenschaftskritik.

Für Marcuse sei »eine Emanzipation nicht zu denken [...] ohne eine Revolutionierung von Wissenschaft und Technik selber« (Habermas 1968, 54). Statt um technische Verfügung über die Natur gehe es der von Marcuse gemeinten anderen Wissenschaft um Freisetzung der Potenziale der Natur, um ihre Hege und Pflege – ein Anspruch, den auch Ernst Bloch unter dem Stichwort der »Allianztechnik« formuliert (1973, 807) und zu dem wir im zweiten Kapitel schon die kritische Stimme Günter Ropohls gehört hatten. Hier stößt auch Habermas auf eine Grenze: »Eine alternative Neue Wissenschaft [müsste] die Definition einer Neuen Technik einschließen. Diese Überlegung ernüchtert, weil Technik, wenn sie überhaupt auf einen Entwurf zurückgeht, offenbar nur auf ein ›Projekt‹ der Menschengattung insgesamt zurückgeführt werden kann und nicht auf ein historisch überholbares.« (Habermas 1968, 55)

Habermas findet die These, dass es zwei Arten technischer Gewalt gebe – einerseits eine repressive und andererseits eine befreiende, Hammer und Sichel hier, Hebammenkunst dort –, ernüchternd. Repressiv wäre etwa eine einförmig globalisierende Technik (Atomkraftwerke überall), befreiend dagegen eine kontextsensible (Energiegewinnung nach lokalspezifischen geothermischen oder solaren Bedingungen). An die Stelle dieser nach Habermas nur scheinbaren Differenz im Verhältnis von Mensch und Natur tritt bei ihm ein Begriff von Technik als einheitliches Programm der Errichtung einer so oder so gearteten Gegennatur. Egal, wie wir uns konkrete technische Programme vorstellen, immer haben wir es mit einem Programm der Menschengattung insgesamt zu tun und immer mit mehr oder minder gewaltsamer Umsetzung dieses Programms: »Marcuse hat eine alternative Einstellung zu Natur im Sinn, aber aus ihr läßt sich nicht die Idee einer Neuen Technik gewinnen.« Die für die Menschheit unverzichtbaren Leistungen der Technik blieben dieselben und wären beispielsweise nicht mehr oder weniger human, wenn wir die Natur durch diese Technik befreien und nicht mehr beherrschen wollen. »Sie blieben auch noch die selben, wenn wir nicht zweckrational gegenüber der Natur, sondern symbolisch vermittelt mit der Natur handeln. So oder so projizieren wir Vorstellungen von Arbeit und Sprache in die Natur – Projekte der Menschengattung insgesamt und nicht einer Epoche, einer ›überholbaren Situation‹.« (1976, 57 f.)

Marcuses Forderung eines neuen Denkens, das die technische Vernunft erfasst und eine alternative Wissenschaft und Technik hervorbringen soll, läuft auf eine politische Aufladung der Technik als »Ideologie« hinaus. Gesellschaftskritik ist dabei vor allem Kritik an einer technokratischen Gesellschaft mit ihrer eindimensionalen, alles verflachenden technischen Vernunft. Habermas bezieht sich dagegen auf Gehlen, wenn er die technische Vernunft nicht für reformierbar hält und sich keine wirklich alternative Technik vorstellen kann. Stattdessen kritisiert er eine Gesellschaft, die sich ideologisch entleert hat. Nur in ein durch Vernachlässigung geschaffenes Vakuum konnte die technisch orientierte Zweckrationalität mit ihrer Behauptung von Sachzwängen eindringen und »Technik als Ideologie« überhaupt zum Thema werden. Nur wo die kommunikative Vernunft abdankt, entsteht der Spuk einer Gesellschaft, die von technischen Denkmustern ganz erfasst ist. In dieser Gesellschaft spielt das Handeln keine Rolle mehr, weil die Sachwalter des Herstellens mit ihrem Expertenwissen nunmehr das Sagen haben (Arendt 1967, 279, 287-293).

Fast genau dreihundert Jahre liegen zwischen der Auseinandersetzung von Hobbes und Boyle und der Auseinandersetzung von Marcuse und Habermas. Hobbes sorgte sich, dass der Bezug auf wissenschaftliches Instrument und technische Vernunft ein intellektuelles Vakuum schaffe, in das Interessenkonflikte strömen, so dass eine auf gesetzliche Grundlegung angewiesene Gesellschaft destabilisiert werden könne. Habermas und Marcuse beklagen umgekehrt, dass gesellschaftliche Auseinandersetzungen nicht stattfinden, weil Entscheidungsprozesse an die technische Vernunft delegiert werden und ihre impliziten Zwecksetzungen und Herrschaftsansprüche nicht thematisiert werden. Marcuse fordert an dieser Stelle eine Ausweitung der technischen Vernunft und Habermas die Stärkung von Verständigungsprozessen, die auf kommunikative Vernunft angewiesen sind. Während Hobbes der Vakuumpumpe also zutraut, dass sie eine Gesellschaft destabilisieren kann, stehen Instrumente und Werkzeuge bei Marcuse und Habermas für ein eingeschränkt prozedural-mechanisiertes Denken, dessen politische und kulturelle Bedeutung vor allem im Ausschluss der Verständigung über Interessen, Zwecke oder Herrschaftsansprüche besteht.

Es ist zweifellos wichtig, demokratische Gesellschaften an der Qualität ihrer Verständigungsprozesse zu messen. Und es ist genauso wichtig, die Unterschiede zwischen technologischen Programmen zu bewerten. Als Kriterium kann hierfür aber nicht der behauptete Unterschied zwischen technisch-instrumenteller und kommunikativer Vernunft dienen. Damit wird die von den Experimentatoren mit der Luftpumpe bereits erkannte symbolische Bedeutung technischer Eingriffsmöglichkeiten verkannt und somit auch die Bedeutung der Technik in gesellschaftlichen Verständigungsprozessen. Genau in diesem Sinne kann Andrew Feenberg an Marcuse anknüpfen und seinen Ansatz enger mit technikhistorischen und technikosziologischen Analysen zusammenführen (Feenberg 2002).

Bevor wir uns der Bedeutung der Technik in gesellschaftlichen Verständigungsprozessen zuwenden, kann an einem Instrument wie der Vakuumpumpe bereits verdeutlicht werden, dass es sich nicht ohne Weiteres in eine Vorstellung von technischem

Denken fügt, das es ganz auf Zweckrationalität oder instrumentelle Vernunft reduziert. Um dessen gewahr zu werden, genügt schon ein Blick auf die äußere Erscheinung von Vakuumpumpen insbesondere im 18. Jahrhundert. Ihrer Erscheinung nach genügten sie nämlich keineswegs dem Diktat der Sachlichkeit, sondern signalisierten oft schon durch kunstvolle Gestaltung und wertvolle Ausstattung einen sinnlich-symbolischen Überschuss, der ihre kulturelle Bedeutung unterstreicht. Darüber hinaus gibt es wenigstens vier Hinsichten, in denen die Vakuumpumpe die Einschränkungen des instrumentell-technischen Denkens überschreitet.

Zunächst ist allen Experimentalwissenschaftlern klar, dass es so etwas wie eine Kunst des Experimentierens gibt und somit eine Kunst der Zähmung, Stabilisierung und Darstellung von Phänomenen. Die Vakuumpumpe ist kein Mechanismus, der auf Anfrage Auskunft erteilt oder der in eine Ausgangssituation gebracht wird, um die Bestätigung oder Widerlegung einer Theorie zu beobachten. Die Bedienung einer Vakuumpumpe bedarf intimer Kenntnis, handwerklicher Tricks, körperlicher Einstimmung (Rasmussen 1997). Das Zusammenwirken von Menschen und Dingen, das die Trennung von Subjekten und Objekten, Mitteln und Zwecken unterläuft, lässt sich nirgendwo so schön beobachten wie in einem wissenschaftlichen Labor.

Gerade die Experimente mit der Luftpumpe verdeutlichen zweitens, dass keineswegs alles Experimentieren strategisch auf ein Erkenntnisziel gerichtet ist, sondern dass es über das systematisch aufgebaute »Vacuum-in-vacuo-Experiment« spielerisch-explorativ hinausgehen kann. Mit der Luftpumpe wurde keineswegs immer getestet, erprobt oder geprüft. Zum Experimentieren gehört auch, dass alles mögliche kombiniert und ausprobiert wird. Hierher gehört auch, dass nicht nur Experimente mit der Luftpumpe buchstäblich spektakulär sein können. In öffentlichen Vorführungen tragen sie zu Erbauung und Vergnügen vieler Menschen bei, die sich in ihren Bann begeben und sich von der Macht des bloß Faktischen faszinieren lassen (Busch 1986). Damit erweist sich drittens eine Art Autonomie der technischen Intervention und der in ihr enthaltenen Machtausübung. Der technische Eingriff steht für sich selbst und ist nicht darauf angewiesen, dass unser Vorstellungsvermögen oder das wissenschaftliche Verständnis ihm vorausgeht oder mit ihm gleichzieht. So kann die Vakuumpumpe Phänomene der Atmung und Verbrennung demonstrieren, die theoretisch ganz unterschiedlich aufgefasst wurden. Dass sich der technische Eingriff allein durch die Demonstration seines Gelingens gewissermaßen selbst legitimiert, gehört zur Aura seiner Vorführung und gibt ihm eine symbolische Bedeutung, die weit über das technische Denken hinaus auf unsere Selbstverständigungsprozesse einwirkt.

Schließlich dienen unsere Werkzeuge, Instrumente und Experimente einer Erweiterung der Wirklichkeit (Heidelberger 1998) und insbesondere einer Erweiterung der Sinne. Ob sie als Mittel zu Zwecken dienen oder nicht – wissenschaftliche Apparaturen sind ein Sensorium für die Welt, das uns wie auch die Medien- und Kommunikationstechnologien »bessere Auflösung«, größere Empfindlichkeit, Serienbildung und systematische Variation bietet.

Das Fahrrad oder der offene Konstruktionsprozess

Das im vorigen Abschnitt gezeichnete Bild der Ingenieure als Technokraten, die die Gesellschaftsmaschine nach ihren Vorstellungen einer reinen Zweckrationalität zu optimieren suchen, ist in den letzten Jahren gründlich überholt worden. Paul Forman zufolge hat sich beispielsweise das Verhältnis von Wissenschaft und Technik seit 1980 grundsätzlich geändert. Bis dahin genoss die Wissenschaft das höhere Prestige, und alle Verbesserungen unserer Lebensbedingungen schienen sich dem wissenschaftlichen Fortschritt zu verdanken. Wer von der modernen Technik sprach, meinte die Erträge der Wissenschaft, obwohl durchaus fraglich ist, welche technische Bedeutung etwa der Relativitätstheorie, der Evolutionsbiologie oder der Quantenmechanik zukommt. Umgekehrt ist es laut Forman heute so, dass, wer über die Wissenschaften redet, damit eigentlich das technische Innovationspotenzial meint, das sich beispielsweise mit nano- und biotechnologischer Forschung verbinden soll. Gleichzeitig erfährt die Wissenschafts- und Technikphilosophie von Martin Heidegger und Francis Bacon neue Aufmerksamkeit. Jetzt haben wir ein Ohr dafür, dass Wissenschaft angewandte Technik sei und vornehmlich gesellschaftlichen Nutzen produzieren soll (Forman 2007). Wie wir schon im ersten Kapitel sahen, betrachtete Heidegger die moderne Wissenschaft als angewandte Technik, insofern sie nämlich die Welt als einen Bestand berechenbarer Kräfte voraussetzt. Die technische Kontrolle der Phänomene im Labor nutzt diese Berechenbarkeit aus und weist sie gleichzeitig nach – und das theoretische Verstehen ist vor allem ein Vehikel, um die Phänomenkontrolle auszuweiten. Der Philosoph, der dies am Anfang der modernen Wissenschaft zum Programm erhob, war Francis Bacon (1561–1626). Sein berühmter, von ihm selbst nicht wörtlich so formulierter Wahlspruch »Wissen ist Macht« bezieht die entstehende Wissenschaft auf das Wissen der Handwerker. Wer einen Mechanismus in ein technisches Gerät einbauen kann und also Macht über die Dinge und Prozesse hat, der versteht sie auch und hat das entsprechende Wissen. Die handwerkliche Macht wird zum Anzeichen für erworbenes Wissen, was sich im wissenschaftlichen Experiment fortsetzte, in dem die Wissenschaft vor allem ihre Beherrschung eines wiederholbaren Phänomens unter Beweis stellt (Bacon 1620; Smith 2004).

Wenn die Technik also der Wissenschaft vorausgeht, dann gilt das legendäre Motto der Weltausstellung 1933 in Chicago nicht mehr: »science discovers, genius invents, industry applies, and man adapts himself to, or is molded by, new things«. Sinnbild für ein ganz anderes Verständnis von Technik ist das Fahrrad. Von der Wissenschaft zwar nicht ganz unberührt, verdankt sich das Fahrrad keiner wissenschaftlichen Entdeckung, aber auch keiner genialen Erfindung. Statt sich an das Fahrrad anzupassen und sich von ihm formen zu lassen, haben sich seine Nutzer immer schon an seiner Konstruktion beteiligt. Das technologisch zunächst unscheinbare, wenn auch durch und durch technisierte Fahrrad ist also Sinnbild dafür, dass die Konstruktion keineswegs nur der instrumentellen Vernunft dient. So ist beispielsweise der luftgefüllte Reifen mit seinem Schlauch und seiner permanenten Reparaturanfälligkeit gewiss nicht besonders effizient, insbesondere wenn wir uns als robuste Alternative dazu einen Hartgummireifen vorstellen. Statt sich aber der Unbill eines völlig ungefederten Reifens anzupassen, haben Nutzer jahrzehntelang mit platten Reifen und Flickzeug vorliebgenommen. Inzwischen wurden einerseits immer bessere Reifen entwickelt, und die meisten Radfahrer können sich andererseits auf gut ausgebauten Radwegen bewegen. Die technische Entwicklung hat sich somit an die Anforderungen der Konstrukteure angepasst, die gleichzeitig die Nutzer sind. Ein zweites Beispiel für die Entwicklungsdynamik des Fahrrads bietet der Damensattel. Nach dem Vorbild des Reitens und den Anforderungen der Mode sollte dieser Sattel Frauen die Benutzung des Fahrrads bei seitlichem Sitz ermöglichen (Pinch/Bijker 1987, 38). Dass sich diese Idee nicht durchsetzen konnte, wird kaum verwundern. Stattdessen diente das Fahrrad als Vorwand zur Liberalisierung der Damenmode und verhalf der modernen Frau zu ihrem Recht. Beide Beispiele zeigen, wie die Entwicklung des Fahrrads gesellschaftliche Zusammenhänge reflektiert. Die wechselseitige Konstruktion von Technik und Gesellschaft weist weit über die Optimierung einer Maschine hinaus, indem sie Geschlechterrollen, Familienstrukturen oder das Verhältnis von Arbeit und Freizeit einbezieht.

Unterschiedliche Argumentationsstränge haben zu diesem Verständnis des Konstruktionsprozesses und der vielfältigen Wissensformen geführt, die sich in ihm geltend machen. Einem dieser Argumente begegneten wir bereits bei Günther Anders und in der Reflexion auf die Luftpumpe. Es bezieht sich auf den Überschuss, der über das Konstruierte hinaus in aller Technologie steckt und sie wesentlich ausmacht. Nach einem rein instrumentellen Verständnis würde ein technisches Artefakt ganz in der Erfüllung seiner Funktion aufgehen. Nun haben die Materialien, aus denen Fahrräder gebaut werden, auch Eigenschaften und sogar Funktionalitäten, die nicht eigentlich zur Konstruktion des Fahrrads gehören. So kann etwa das Gummi eines Griffs am Lenkrad temperaturabhängig unterschiedliche Eigenschaften haben, sich im Sommer weich und tendenziell schweißfeucht in die Hand schmiegen, während es im Winter hart und spröde ist, vielleicht sogar leichte Risse entwickelt, die bei Frost zu seiner Schädigung führen. Hat der Griff darüber hinaus noch Noppen, mag er modischer sein, insbesondere wenn der Noppengriff mit einem Aufpreis verbunden ist. Mit dem Blick auf diesen Griff rücken somit physische Aspekte des tatsächlich gewählten Transportmittels in den Vordergrund, die bei der Entscheidung für das Fahrrad als am besten geeignetem Transportmittel noch gar keine Rolle spielten und sein Funktionieren nicht ausmachen. Dies entspricht der Darstellung Christoph Hubigs, dem zufolge das wirkliche technische Mittel immer in einer fruchtbaren Spannung zu dem als ideal vorgestellten Mittel zum Zweck steht (Hubig 2004).

Ein zweiter Argumentationsstrang hat sich aus der Wissenschaftstheorie entwickelt, die die Technik erst erstaunlich spät in den Blick genommen hat. Ein Instrument wie die Luftpumpe hat Wissenschaftsphilosophen zwar immer schon interessiert, nur das materielle Mittel und die technische Konstruktion haben sie dabei übersehen. Solange sie Wissenschaftler vornehmlich als Produzenten von Hypothesen und Theorien und Textbuchwissen sahen, konnten sie Experimente nur als Bestandteil einer Experimentalmethode würdigen. In einem Experiment wird demnach der Natur die Frage gestellt, ob eine Voraussage der Theorie stimmt oder nicht. Diese Frage beantwortet das Experiment und bringt somit die Natur zum Sprechen – so reduziert ihr Wortschatz auch zu sein scheint: »ja, dieses Experiment steht in Einklang mit der Theorie« oder »nein, es bedarf einer besseren Theorie, um dieses Phänomen angemessen zu verstehen«. Was aber im Labor geschieht, welche Schwierigkeiten beim Experimentieren praktisch zu überwinden sind und was ein Experiment sonst noch produziert außer einer Bestätigung oder einer Widerlegung, das alles interessierte die Wissenschaftsphilosophie nicht sonderlich.

An dieser Situation vermochte auch die in Deutschland besonders prominente konstruktivistische Wissenschaftsphilosophie nichts zu ändern. Sie stellt die elementaren Verfahren des Messens oder Wiegens in den Mittelpunkt ihrer Betrachtungen und zeigt, dass mit diesen Verfahren die Grundbegriffe und Gegenstände der Forschung festgelegt werden (Janich 1993 und 1998). Auch hier erscheint aber beispielsweise die Waage nur in einer idealisierten Form. Der Konstruktivismus betrachtet sie als reines Aktionsprogramm zur Bestimmung von Masse. Diese idealisierende Betrachtungsweise änderte sich erst, als die Wissenschaftsphilosophie begann, Wissenschaftler als Hersteller von Phänomenen zu begreifen. Einen Anfang machte Ian Hacking

(*1936) mit seiner Behauptung, dass in der Wissenschaft zwei parallel verlaufende Aktivitäten zusammenkommen: »In der Natur gibt es ausschließlich Komplexität, zu deren Analyse wir erstaunlicherweise in der Lage sind. Dies gelingt uns, indem wir mit geistigen Mitteln zahlreiche verschiedene Gesetze auseinanderhalten. Außerdem gelingt es uns, indem wir im Labor reine, isolierte Phänomene vorführen.« (Hacking 1996, 374)

Die Wissenschaft besteht somit aus zwei Tätigkeiten, die zwar aufeinander bezogen sind, sich aber doch autonom entwickeln. Was die Wissenschaft mit intellektuellen Mitteln erzielt, ist ausgiebig gewürdigt worden. Unberücksichtigt dagegen blieb die handwerkliche Produktion der Phänomene im Labor und blieben auch die damit verbundenen Wissensformen. Was im Labor passiert, ist nämlich nicht nur Mittel zum Zweck einer Hypothesenprüfung, sondern dient wie im Falle der Luftpumpe der Produktion des Neuen, dessen Bedeutung zunächst ganz unberechenbar ist. Im Labor werden Verstörung und Routine erzeugt, werden spielerische Instinkte erweckt, Standards und Normen etabliert.

Die Autonomie der Labortätigkeit gegenüber der Tätigkeit des Geistes ergibt sich vor allem daraus, dass im Gegensatz zu den sprachlich formulierten Gesetzen einmal im Experiment stabilisierte Phänomene unrevidierbar sind. Theorien und Gesetze setzen einen berechenbaren Zusammenhang der Naturkräfte voraus, eignen sie dem Verständnis auf gewisse Weise an und können doch von neuen Theorien und Gesetzeshypothesen umgestürzt werden. Umstürze gibt es aber nicht, wo experimentelle Verfahren neue Phänomene erschließen und dem Bestand immer nur neue hinzufügen. Die im Experiment beherrschbar gemachten, aber in Bezug auf theoretische Zwecke immer noch mehr oder weniger unberechenbaren Phänomene entwickeln sich mit den neuen Instrumenten und Experimentalsystemen kontinuierlich weiter und bleiben den Wissenschaften dauerhaft erhalten.

Diese Ungleichzeitigkeit von Theorieentwicklung und experimentellen Untersuchungen hat am Beispiel der Hochenergiephysik Peter Galison (*1955) herausgearbeitet. Brüche in der Theorieentwicklung verändern nicht die gesamte Wissenschaft. Experimentelle Fertigkeiten, Befunde und Phänomene halten sich durch. Andererseits kann auch die Erfindung eines neuen Instruments die wissenschaftliche Praxis grundlegend verändern. Neue Techniken sind produktiv, eröffnen neue Gegenstandsbereiche, ermöglichen neue Formen des Wissens. Wie bei einem gewundenen Tau, in dem keine der einzelnen Fasern die ganze Länge des Taus durchzieht, ergibt sich eine insgesamt kontinuierliche Wissenschaftsentwicklung dadurch, dass die Stränge von Theorie, Instrument und Experiment nie alle gleichzeitig brechen (Galison 1988 und 2000).

Für technikphilosophische Fragestellungen ist vor allem bedeutend, dass hiermit das Experimentieren als mehr oder weniger systematisches, mehr oder weniger zweckfreies Ausprobieren zu den Erkenntnisformen der Wissenschaft und des technischen Konstruierens gehört. Als eigenständiges wissenschaftliches Wissen wird es vor allem von Davis Baird (*1954) in seiner Darstellung des »Dingwissens« behandelt (Baird 2004). Das Besondere des Dingwissens ist, dass es weder in Köpfen noch in Büchern, sondern eben in den Dingen vorkommt. So wie ein Satz verschiedene Begriffe zueinander in Beziehung setzt und damit theoretisches Wissen ausdrückt, verkörpert auch ein gelöteter Schaltkreis Wissen. Dies ist manchmal das bereits vorhandene explizite oder implizite Wissen des Handwerkers, das in einen Gegenstand eingeschrieben wird, aber es ist auch das Wissen, das bei der Erzeugung und Stabilisierung eines Phänomens erarbeitet wird. Als beispielsweise im 18. Jahrhundert mithilfe von Elektrisiermaschinen neue Ladungs- und Entladungsphänomene beherrschbar wurden, lernten die Experimentatoren, dass ihr

Erfolg von der Luftfeuchtigkeit abhing und bauten diese Abhängigkeit in die Experimentalsituation ein, auch wenn sie nur eine ungefähre Vorstellung von den damit verbundenen theoretischen Zusammenhängen hatten. Berühmt ist insbesondere das Beispiel der Dampfmaschine, die Wärme effizient in Arbeit umsetzte und dies im Indikatordiagramm auch anzeigte. Das in der Dampfmaschine verkörperte und sogar aufgezeichnete Wissen über das Verhältnis der beiden Größen Wärme und Arbeit hat sich im technischen Zusammenhang erhalten und im Laufe der Zeit immer weiter verbessert. Unabhängig davon gilt aber auch, dass das heute gültige thermodynamische Verständnis von Wärme und Arbeit erst auf Grundlage der Dampfmaschine und der Indikatordiagramme gewonnen wurde. Auch die Erfinder der Dampfmaschine hatten eine Vorstellung davon, wie Arbeit produziert wird. Ihre Vorstellung eines Wärmestoffs wird heute jedoch für grundfalsch gehalten. Bezeichnend ist jedenfalls, dass es der Dampfmaschine offenbar egal ist, dass sie einmal so, ein andermal so verstanden wird. Das in ihr technisch verkörperte Wissen ist weitgehend indifferent oder autonom gegenüber den wissenschaftlichen Theorien, die in einer den Dingen parallelen Gedankenwelt entwickelt werden. Umso dringlicher stellt sich daher die Frage, was dieses technisch verkörperte Wissen ist, wie es erworben und weitergegeben wird – und wie es sich bewährt.

Das Dingwissen ist ein Wissen, das offenbar weder sprachlich ausgedrückt werden kann noch zu werden braucht. Baird stellt am »Dingwissen« vor allem heraus, dass es keinen geringeren Rang hat als das sprachlich explizite theoretische Wissen der Naturwissenschaften. Hier zeigt sich, dass es Baird wie Hacking und Galison vor allem darauf ankommt, das vernachlässigte Experiment und das Instrument in den Naturwissenschaften zu würdigen. Die Untersuchung technischer Wissensformen läuft entsprechend darauf hinaus, sie im Zusammenspiel mit theoretischem Wissen zu begreifen. Vor allem aber verdeutlicht dieser Zugang, wie wenig wir über technisches Wissen wissen. Während es für die intellektuelle Tätigkeit der Wissenschaftler präzise ausbuchstabierte Erkenntnistheorien gibt, lässt sich das in technischen Zusammenhängen verkörperte Wissen noch nicht einmal angemessen beschreiben.

Ein klassisches Beispiel hierfür bietet wiederum das Fahrrad. Michael Polanyi (1891–1976) hat sich in den 1950er und 1960er Jahren bemüht, eine Theorie des impliziten Wissens, des persönlichen oder stillschweigenden Wissens zu formulieren. Einer der Ausgangspunkte dafür war die Frage, ob wir jemandem erklären könnten, wie wir Fahrrad fahren. Könnten wir uns selbst Rechenschaft darüber ablegen, wie wir das Gleichgewicht halten, eine Kurve fahren und dergleichen? Und selbst wenn es möglich wäre, das Fahrradfahren in ein Regelsystem für den Körper zu fassen, ließe es sich auch so lernen oder bleibt das beständige Ausprobieren, wiederholte Aufsteigen und Herunterfallen der einzige Weg? (Polanyi 1958, 49 f.) Polanyi analysiert das implizite Wissen, indem er Formen der Aufmerksamkeit differenziert, das Verhältnis von Vordergrund und Hintergrund in der Wahrnehmung charakterisiert. Aber was den Gehalt, die Verlässlichkeit, gar intersubjektive Gültigkeit des stillschweigenden Wissens anbelangt, kann auch Polanyi nur sagen, was schon für die besondere Autorität der Experimente mit der Luftpumpe gesagt wurde – dass es sich in der Tatsache des Vollzugs oder der Demonstration des Gelingens selbst bestätigt.

Ähnliche Schwierigkeiten offenbaren Versuche, die das Denken speziell von Ingenieuren analysieren. Anregende Ansätze hierzu wurden von drei erkenntnistheoretisch orientierten Ingenieuren entwickelt. Walter Vincenti zeigt in *What Engineers Know and How They Know It*, dass Ingenieure im Gegensatz zu Wissenschaftlern über ein Repertoire von unexakten Methoden verfügen, das es ihnen erlaubt, unberechenbare Komplexität innerhalb ausreichend großer Toleranzgrenzen zu beherrschen (Vincenti 1993). In *Designing Engineers* untersucht Louis Bucciarelli, wie die Eigenschaften und Funktionalitäten materieller Dinge ingenieursrelevant werden und wie sie sich dadurch verändern. So wird beispielsweise eine physikalisch-chemische Materialeigenschaft in die Objektwelt des Ingenieurs »übersetzt«, wenn es etwa heißt, dass diese Materialeigenschaft Reibungseffekte vermindert (Bucciarelli 1994 und 2003). Schließlich hebt Ernest Ferguson *Das innere Auge* des Ingenieurs hervor und damit die Rolle eines visuellen Denkens, das von dreidimensionalen Problementwürfen ausgeht und seinen Ausdruck vor allem in Skizzen und Zeichnungen findet (Ferguson 1992). An Davis Baird und diese drei Autoren schließt die Technikhistorikerin Ann Johnson an, wenn sie vom »design knowledge« oder Konstruktionswissen von Ingenieuren spricht, das implizite und explizite Dimensionen und insbesondere ein praktisches Verstehen von Abläufen umfasst (Johnson 2009). Auch weil diese Analysen von Philosophen noch nicht intensiv genug wahrgenommen und weiterentwickelt wurden, steht die Technikphilosophie hinsichtlich der Objektivität von verkörpertem Fertigkeitswissen oder technischem Können noch immer am Anfang (vgl. Kornwachs 2004; Mildenberger 2006).

Einen ganz anderen Zugang zu technischem Wissen bietet ein vornehmlich techniksoziologischer Ansatz. Er geht von der Zusammenarbeit der Entwickler und Nutzer im Konstruktionsprozess von Fahrrädern und anderen technischen Systemen aus und spricht daher von SCOT oder der »social construction of technology« (Bijker/Pinch 1987). Dass Technik sozial konstruiert ist, soll vor allem zum Ausdruck bringen, dass sie eben nicht technisch konstruiert ist. Drei Annnahmen liegen diesem

Ansatz zugrunde: Wenn wir Produkte, Erfindungen, Entwicklungen erklären wollen, sollen wir diese Erklärung nicht allein beim Erfinder suchen, der eine Idee hat und diese dann realisiert. Wir sollen uns also zweitens von technologischem Determinismus verabschieden, d. h. von der Vorstellung, dass die Gesellschaft von der Technik bestimmt sei und dass die Entwicklung der Technik einer inneren Logik folgt, die sich hinter dem Rücken unseres Wollens vollzieht. Drittens soll nicht zwischen technischen, sozialen, ökonomischen, politischen Aspekten unterschieden werden: Technische Geräte oder Systeme sind nicht primär ein technisches Erzeugnis, sondern verdanken sich der Ko-Konstruktion von Technik und Gesellschaft. Ingenieure schaffen nicht einzelne Artefakte, die dann unser Zusammenleben auf gewisse Weise organisieren, vielmehr nimmt die Gesellschaft an der Gestaltung technischer Artefakte teil.

Wenn wir technische Entwicklung und technisches Denken auf dieser Grundlage verstehen wollen, müssen wir die Details dieser Entwicklung genau betrachten, damit der soziale, ökonomische oder politische Anteil an scheinbar rein technischen Funktionen sichtbar wird. Der Konstruktionsprozess wird hierfür als eine Abfolge von Entscheidungen verstanden, und für jede dieser Entscheidungen wird gezeigt, dass sie nicht allein technischen Kriterien folgt. Genau dies hat SCOT für die Entwicklung des Fahrrads und andere technische Systeme gezeigt.

Die Konstruktion technischer Geräte und Systeme verdankt sich demnach einem offenen sozio-technischen Gestaltungsprozess, in dem gesellschaftliche Nutzungen gleich mitkonstruiert werden. In einem fertigen Produkt kommt dieser Gestaltungsprozess nur scheinbar an ein Ende, da die kulturelle Aneignung des Produkts womöglich erst beginnt und über die Annahme, die Veralterung und Weiterentwicklung des Produkts mit entscheidet. Auch dies lässt sich an der schier unendlichen Geschichte des Fahrrads und seinen vielen Varianten illustrieren. Und doch stößt der Ansatz von SCOT an eine Grenze, die von Langdon Winner benannt wird (Winner 1993).

Der Nachweis dafür, dass Atomkraftwerke, Raketenabwehrsysteme, Fahrräder oder Computer sozial konstruiert sind, verlangt, dass wir sie eben nicht mehr als geschlossene Systeme betrachten, die so oder so in unser Leben eingreifen und die wir darum als gut oder schlecht bewerten. Stattdessen müssen wir mit diesen Geräten gewissermaßen intim werden, tief in sie hineinschauen und dann an ihnen erkennen, dass auch wir selbst einen zumindest indirekten Beitrag zu ihrer Gestaltung geleistet haben. Ein Blick in das Innere technischer Systeme wird beispielsweise oft erweisen, dass sie gerade auch für potenzielle Gegner und Kritiker dieser Technologie gestaltet wurden – darum sind sie besonders nutzerfreundlich, darum sind sie vor den Augen der Öffentlichkeit versteckt, darum werden sie als nachhaltig angepriesen. Indem wir uns im Verstehen der Technik auf diese Nähe zu ihr einlassen und immer auch unsere eigene Verstricktheit in ihr erkennen müssen, werden bestimmte Formen der Kritik oder auch der Abweisung und Zuschreibung von Verantwortung unmöglich.

Diese Ambivalenz weist eine besonders interessante Fallstudie auf, die im Geist von SCOT entstand. Sie betrachtet eine einzige Entscheidung, die vielleicht zu einer Katastrophe führte, sie jedenfalls nicht verhinderte. Auf den ersten Blick sieht die Situation einfach aus: Die Ingenieure mit ihrem Wissen um Materialien, Schwachstellen im System, mögliche Unfallursachen haben vor der Katastrophe gewarnt; sozio-politische Interessen haben diese Warnungen ignoriert. Es geht um die Explosion der Raumfähre Challenger kurz nach ihrem Start im Januar 1986: »Nach der allgemeinen Meinung hatte sich die Sache so abgespielt: NASA-Manager hatten sich dem Produktionsdruck gebeugt und, weil sie im Zeitplan bleiben wollten, die Vorbereitung eines Starts fortgesetzt, von dem sie wußten, daß er riskant war.« (Collins/Pinch 1998, 47)

Auf den zweiten Blick jedoch (Vaughan 1996) lässt sich die Trennung zwischen vorausschauendem Ingenieurswissen und verantwortungslosen Managern nicht aufrechterhalten. Die soziotechnische Entscheidung zugunsten des Starts der Raumfähre war einstimmig. Die besorgten Ingenieure waren sich keineswegs sicher, ausreichende Gründe zu haben, die gegen den Start sprachen; die Befürworter des Starts führten ihrerseits technische Argumente an; und die Manager haben vor allem auf einen Konsens gedrängt, der alle Beteiligten zwang, nach verantwortbaren Risiken angesichts unvermeidlicher Unsicherheit zu fragen.

»Die Arbeit der Ingenieure [...] war so fachmännisch und gut, wie es in einer ungewissen Welt nur möglich ist. Der Fall erinnert uns daran, daß eine risikofreie Technologie unmöglich ist und daß die Einschätzung der Funktionstüchtigkeit einer Technologie und der mit ihr verbundenen Risiken zwangsläufig eine Frage des menschlichen Urteils ist. Die NASA hat hieraus eine Lehre zu ziehen. Sie hat es in der Vergangenheit vorgezogen, ihre Raumfahrzeuge in den Mantel der Gewißheit zu hüllen. Warum kann sie nicht auch die Flecken, Schrammen und Falten der unbereinigten Golem-Ingenieurskunst sichtbar werden lassen? Vielleicht würde die Öffentlichkeit den Raumtransporter zuletzt als eine ganz besondere, außerordentliche Leistung in der Geschichte der Menschheit wertschätzen und dabei auch etwas über die inhärenten Risiken jeder solchen Unternehmung lernen. Die Erforschung des Weltraums ist auch ohne mythische Überhöhung der Ingenieurskunst spannend genug.« (Collins/Pinch 1998 79f.)

5. Das technische Kunstwerk – die Frage nach Lust und Liebe

Das Verhältnis von Kunst und Technik und ihre ursprüngliche Einheit als *ars* und *techné* kamen schon in der Einleitung und den folgenden Kapiteln immer wieder zur Sprache und werden uns bis in die Schlussbetrachtung verfolgen. Nun scheint offenbar, dass das Machen oder Herstellen im Gegensatz zum Selbsttätigen der Natur einen gemeinsamen Nenner bietet und dass es nun also darauf ankäme, die Ausdifferenzierung von Kunst und Technik nachzuvollziehen. Und dafür bietet es sich an, die Kunst im Feld der Ästhetik und die Technik im Feld der Praxis zu verorten. Auch wenn Kunst ohne Technik nicht auskommt, auch wenn es eine ästhetische Praxis gibt, erlaubt eine seit Platon und Aristoteles andauernde philosophische Tradition, diese Felder systematisch zu unterscheiden. Und auch wenn Technik immer gestaltet wird und es eine Ästhetik des Technischen gibt, bezieht sich Ästhetik darauf, wie uns die Welt erscheint, während Praxis die Sphäre menschlichen Tuns umfasst.

Wiederum gilt, dass Technikphilosophie die ganze Philosophie noch einmal von vorn ist, diesmal unter Einbeziehung der Technik. Damit tritt ein Begriff von ästhetischer Erfahrung in den Vordergrund, der deutlich weiter geht als das, was schon über die Technisierung des Blicks und somit des Naturverhältnisses durch das Kameraauge gesagt wurde. Für diese Form der Technisierung zeigt insbesondere die Medientheorie, dass sinnliche Wahrnehmung nicht allein durch Raum und Zeit als ästhetische Formen der Anschauung bedingt ist. Unsere Wahrnehmung wird durch die Physiologie unseres Sinnesapparats disponiert und gleichermaßen durch technische Apparaturen wie das Kino oder das Buch (vgl. Mersch 2013). An dieser Schnittstelle von Ästhetik, Medientheorie und Technikphilosophie ist ästhetische Erfahrung vor allem Wahrnehmung – unterschiedliche Medien modulieren technisch, wie uns die Welt erscheint und erfahrbar wird. Hier werden Technik und die Anerkennung medialer Bedingungen hinzugezogen, um umfassender zu reflektieren, was schon als Wahrnehmungslehre festgelegt war. Wenn die Technik aber nicht erst hinzugezogen, sondern an den Anfang gestellt wird, ergibt sich ein Begriff ästhetischer Erfahrung, der gar nicht erst von einer vorgängigen Trennung zwischen Ästhetik und Praxis ausgeht.

Das Feuerwerk oder das Unscheinbare

Als Sinnbild der Technik mag das Feuerwerk schon darum gelten, weil die Pyrotechnik den Ausgangspunkt für die ganz großen Technikgeschichten darstellt – mit den Repräsentationen der Macht, mit Schießpulver und Krieg, mit Raketen und Weltraumfahrt. Und doch ist das Feuerwerk gerade darum interessant, weil es zwischen die Stühle geraten ist.

Wer sich aus der Bibliothek ein Buch über das Feuerwerk ausleihen will, wird entweder Technik- oder Kunstgeschichten auffinden. Entweder bilden die Feuerwerksraketen eine Vor- und Frühgeschichte für den Raketenantrieb im Zeitalter der Weltraumfahrt, oder es geht um eine besondere Kunstform, die Formen und Farben überschwänglich und mit musikalischer Präzision in den Nachthimmel malt. Typisch sind Buchtitel wie *Throwing fire: projectile technology through history* (Crosby 2002), und grenzüberschreitend ist bisher einzig ein Buch über *Fireworks: pyrotechnic arts and sciences in European history* (Werrett 2010), das bei näherem Hinsehen aber vor allem das Kunsthandwerk und somit Wissenschaft und Technik der Pyrotechnik meint, ohne ästhetische oder kunsthistorische Würdigung des Feuerwerks. Letztere bietet Theodor Adorno (1903-1969), für den das Feuerwerk ein Sinnbild der Kunst und gerade nicht der Technik ist – ein Verhältnis, das Adorno in seiner *Ästhetischen Theorie* ausgiebig reflektiert. Adorno verlangt zwar keineswegs, dass ein Kunstwerk etwas Gegenständliches ist, das ein Künstler für den Kunstmarkt erzeugt. Es ist vielmehr eine flüchtige Erscheinung, die gerade darum ästhetisch erfahren wird, weil sich als brüchig und fragwürdig erweist, was sich zunächst dinghaft als Ganzes darstellt.

»Prototypisch für die Kunstwerke ist das Phänomen des Feuerwerks, das um seiner Flüchtigkeit willen und als leere Unterhaltung kaum des theoretischen Blicks gewürdigt wurde ... empirisch Erscheinendes, befreit von der Last der Empirie als einer der Dauer, Himmelszeichen und hergestellt in eins, Menetekel, aufgehende und vergehende Schrift, die doch nicht ihrer Bedeutung nach sich lesen lässt. ... Nicht durch höhere Vollkommenheit scheiden sich die Kunstwerke vom fehlbaren Seienden, sondern gleich dem Feuerwerk dadurch, dass sie aufstrahlend zur ausdrückenden Erscheinung sich aktualisieren. Sie sind nicht allein das Andere der Empirie: alles in ihnen wird ein Anderes.« (1970, S. 125 f.)

Von Technik ist hier nicht die Rede, denn anders als das Kunstwerk scheidet sich die Technik vom fehlbaren Sein, soll an dessen Stelle für ein unfehlbares Funktionieren stehen, legt sich als rationale Ordnung und zweite Natur über ein unberechenbar widerständiges Sein. Darum ist Technik Adorno unheimlich, andererseits eine Vorbedingung für das Kunstwerk, das aber erst dort erscheint, wo es die Technik zum Verschwinden bringt. Schließlich kann Adorno nicht leugnen, dass das Feuerwerk zunächst etwas Technisches ist, das die Mittel des Schießpulvers und die Prinzipien der Raketentechnologie mit spektakulärer Präzision und technischem Kalkül in Szene setzt: »So gewiss Kunstwerke mehr sind als der Inbegriff ihrer Verfahrungsweisen, der im Wort Technik sich zusammenfasst, so gewiss haben sie objektiven Gehalt nur so weit, wie er in ihnen erscheint, und das geschieht einzig kraft des Inbegriffs ihrer Technik. Deren Logik ist der Weg in die ästhetische Wahrheit. Wohl führt von der Schulregel zum ästhetischen Urteil kein Kontinuum, aber noch die Diskontinuität des Weges gehorcht einem Zwang: die obersten Wahrheitsfragen des Werkes lassen in Kategorien seiner Stimmigkeit sich übersetzen.« (1970, S, 419 f.)

Durch seine Technik wird die Technik im Kunstwerk ein Anderes als Technik. Die von Adorno beschriebene dialektische Bewegung trifft das Feuerwerk oder die Maschinen des Künstlers Jean Tinguely (1925-1991), insbesondere seine spektakuläre *Homage to New York* (1960). Unfehlbar funktionstüchtig und stimmig wie alle Maschinen bestand die Arbeit dieser gigantischen Maschine darin, sich selbst zu zerstören, was ihr nach 27 Minuten – als die Feuerwehr eingriff – noch nicht ganz gelungen war. Das himmlisch nichtsnützige Feuerwerk holt Tinguely auf die Erde, nimmt eine Maschine als Sinnbild nicht nur der Technik, sondern auch der modernen Industriegesellschaft und lässt sie vor unseren Augen verpuffen und verglühen – in der ästhetischen Erfahrung, in der Erscheinung ihres Untergangs wird sie zu einem Anderen der Verrichtungen und Verfahrungsweisen.

So lassen sich das Feuerwerk und die *Homage to New York* aus der Entgegensetzung von Kunst und Technik, den Sphären des ästhetischen Erscheinens und der praktischen Verrichtung verstehen. Aber ist nicht auch denkbar, dass die Technik von sich aus und vornherein als technisches Kunstwerk zur Erscheinung kommt? Auch wo sie dem Diktat der Nützlichkeit unterstellt ist, erregt sie darüber hinaus doch auch Lust oder Unlust des Besitzes, der Handlichkeit, des An- und Aussehens, des Vollzugs. Und indem sie sich als stimmig regelrechtes Ganzes ding- und dauerhaft präsentiert, bietet dies ein ästhetisches Erfahrungsmoment, das genauso eigenartig, verstörend fremd oder erstaunlich virtuos gelingen kann wie das Kunstwerk, das einen Gehalt flüchtig zur Erscheinung bringt.

Dem entsprechend lässt sich Tinguelys Kunstwerk auch anders beschreiben – als Befreiung der Maschine, die fröhlich anarchische Urstände feiert, sich selbst behauptet, wie sie summt und surrt und ächzt. Hiernach verwandelt also nicht die Kunst die Technik in ihr ganz Anderes, das mehr ist als etwas materiell Gemachtes, nämlich etwas Gehaltvolles, Geistiges. Vielmehr ist die Technik von vornherein nicht das Eine, sondern auch das Andere, verwaltet nicht nur den Mangel, sondern zelebriert auch den Überschuss, trägt bei zur Rationalisierung und Entzauberung der Welt und kann selbst spielerisch verführen und verzaubern. Die Technik tritt folglich nicht in die gehaltvolle Sphäre der ästhetischen Erfahrung, des ästhetischen Urteils und nimmt erst dadurch eine andere, wesentlich nicht-technische Qualität an – vielmehr begründet sie ein immer auch schon ästhetisches Weltverhältnis.

In ihrem Buch über hedonisierende Techniken schreibt Rachel Maines nichts über das Feuerwerk und eine vordergründig spektakuläre Technik. Vom Stricken ist die Rede und insbesondere dem Stricken von Socken. Auch dem Bügeln wird Aufmerksamkeit geschenkt, das für manche eine Freizeitbeschäftigung, gar ein Sport ist. Andere verbringen ihre Freizeit mit Kohlebergbau. Nicht übersehen wird die Fleischzubereitung am Holzkohlegrill, die vor allem eine Sache von Männern zu sein scheint, die archaisch ihre Feuerstätte regieren. Eine große Rolle spielt aber auch, wie sich vornehmlich Frauen zusammenschließen in der amerikanischen Tradition des Quiltens. Was haben diese Techniken gemeinsam, warum verdienen sie – bescheiden und banal, wie sie sind – die Bezeichnung »hedonisierend«? Jede Technik, definiert Maines, die die Lust an der Verfertigung über den Wert oder die Bedeutung des Produkts stellt, ist hedonisierend (2009, S.3 und 9). Wer früher ein neues Paar Socken brauchte, musste es sich vielleicht relativ mühselig stricken. Von dieser Bürde durch technischen Fortschritt und Industrialisierung entlastet, kaufen wir uns heute rasch und für wenig Geld ein einfaches Paar Socken. Traditionell arbeitende Bergleute sterben früh, arbeiten unter skandalösen Bedingungen, und es ist viel erreicht, wenn in industrialisierten Ländern niemand mehr so arbeiten muss – wer würde in seiner Freizeit und nur zum Spaß so arbeiten wollen? Harmloser, aber vielleicht nicht weniger irrational sind selbstgedrehte Zigaretten, Vinyl-Schallplatten und die Freude am Grillen trotz des mit ihm verbundenen unverhältnismäßig großen Aufwands für ein paar Schweinesteaks.

Hedonisierend wirkt das Beharrungsvermögen der Technik, wenn etwa ein einstiges Mittel zum Broterwerb als Freizeitaktivität weiterlebt. Sie erregt die Lust an der banalen Verrichtung, der Fertigung mit den eigenen Händen, ist auch Nostalgie für Texturen und Gerüche, wenn etwa das heiße Bügeleisen dampfend über ordentlich angefeuchtetes Leinen fährt, ist nicht zuletzt Teilnahme an den Verrichtungen der Generationen vor uns, stellt eine Verbindung zur Vergangenheit her. So lädt sich eine hedonisierende Technik affektiv auf, produziert aber keine überspannten Erwartungen im Bann des sensationell Neuen, sondern bleibt ruhig und gelassen, gewissermaßen eingelassen in den Takt des machtvoll Unscheinbaren.

Als spektakuläres Schauspiel und als beruhigende Verrichtung setzt sich Technik in Beziehung zu uns. Somit kommen im Technikbezug auch durchaus widerstreitende Affekte zur Geltung und nicht nur im Kontrast verschiedener Technologien. Schon bei der raketentechnischen Weiterentwicklung des Feuerwerks stoßen wir auf eine Technologie, deren eruptiv spektakulärer Auftritt ein bleibendes Nachbild erzeugt. Dass das Apollo-Programm mit seinem Ziel einer Mondlandung eine Art politisches Feuerwerk war und vor allem eine öffentliche Demonstration von Können und Macht im Kalten Krieg, dass es dabei um die Symbolik des Gewinnens und Verlierens und nicht wirklich um einen Nutzen ging – all dies ist nachvollziehbar. Als aber der verschwenderische Aufwand im spektakulären technischen Triumph der Mondlandung gegipfelt hatte und sich die Nebel verzogen, erwies sich als bleibend nur der erste Blick auf die Erde, des blauen Planeten in der Weite des Weltraums. So beschreibt Marina Benjamin den paradoxen Ertrag der großen technischen Geste mit ihrem Versprechen, über die Grenzen und Begrenztheit der Erde hinauszugehen und so den der Menschheit gegebenen verfügbaren und vielleicht bewohnbaren Raum zu erweitern, der Erde mit ihren vielen Problemen zu entfliehen: »Das Heimweh gewann die Oberhand über den technischen Imperativ des Immer-Weiter und Immer-Höher-Hinaus. [...] Letztendlich definierten die Astronauten des Apollo-Programms die Mondlandung für zukünftige Generationen als den Wendepunkt, der uns eine einzigartige Einsicht verschaffte in die Verletzlichkeit und Kostbarkeit unseres heimischen Planeten.« Auf den Punkt brachte dies Apollo-12-Astronaut Richard Gordon: »Leute fragen immer, was wir entdeckt haben, als wir zum Mond gereist sind: was wir entdeckt haben, war die Erde.« (Benjamin 2003, S. 47-49) Milliarden verpuffen im orgiastischen Rausch eines technischen Wettlaufs zum Mond, und was bleibt, das ist das Bild unserer Erde, des Blauen Planeten als Objekt der Begierde, des Heimwehs, der Sorge. Übermut und Willkür, die Lust auf Überschreitung verkehren sich in Hinwendung und Bescheidung, Erhaltung einer gegebenen Ordnung.

Auf den ersten Seiten von *Vita activa* sprach Hannah Arendt von dem Wunsch, nun auch den Weltraum zu besiedeln, als einer Art Selbstvergessenheit des Menschen, der seiner Erdgebundenheit entfliehen will und somit nicht anerkennen mag, dass die Erde unsere Lebensbedingung ist. Der Rückblick der Astronauten gibt ihr recht, zeigt aber auch, dass die mit der Technik verbundene Fortschritts- und Beschleunigungsemphase, die Fantasmen der Selbststeigerung und Entgrenzung, die Lust auf das Neue und die Faszination des Gadgets Bedeutung gewinnen vor dem Hintergrund eines ganz anderen Versprechens der Technik, nämlich des Monotonen, Verlässlichen, Rituellen und der beruhigenden Einbindung in die liebe Gewohnheit. Anders und als These formuliert: Der Wissenschaftshistoriker Alexandre Koyré beschrieb den Übergang von der klassisch-aristotelischen zur modern-galileischen Physik als Übergang von einer kosmischen Weltordnung zu einem naturgesetzlich verfassten Universum. In Bezug auf den Kosmos geht es vor allem darum, um den eigenen Ort in der sinnvollen Ordnung zu wissen. Das moderne Universum bietet keine geschlossene Ordnung, ist unbegrenzt und gestaltungsoffen (Koyré 1969). Aber das technische Werk bietet eine geschlossene Welt, ein begrenztes Ganzes auch für den modernen Menschen. Und dies ist ein Grund für Lust und Unlust an der Technik, an den Werk- und Weltzusammenhängen, in die sie uns einlässt. Und dies zeichnet nun in den Augen Adornos das technische Feuerwerk als Kunstwerk aus, dass nämlich dieses Versprechen einer ganzen heilen Welt im Moment seines Verglühens auch schon wieder fragwürdig wird.

Die Guillotine, heile und kaputte Welt

Die Technik begründet ein immer auch ästhetisches Weltverhältnis, das ihre ursprüngliche Nähe zur Kunst erweist. Damit ist nicht vornehmlich gemeint, wie technische Artefakte schön oder funktional gestaltet werden – die Möglichkeit eines guten oder schlechten Designs ergibt sich erst aus den Bedingungen und Bedingtheiten der ästhetischen Beziehung zu technischen Werken und Welten. Gemeint ist vielmehr, wie uns die Welt erscheint und zum Gegenstand von Erfahrung wird – Thema der Medientheorie und ansatzweise diskutiert an der Kamera als Sinnbild der Technik. Gemeint ist auch, wie Dinge bedeutsam werden und Gegenstand unseres Interesses, affektiv aufgeladen, Lust erregend und Unlust – dies haben wir am Feuerwerk beobachtet und an den unscheinbaren technischen Verrichtungen, die jenseits jeglichen Nutzenkalküls bedeutsam oder gehaltvoll sind, auch ohne dafür eines künstlerischen Eingriffs zu bedürfen und ohne dass sie erst noch ästhetisch überhöht werden müssten. Nicht als Mittel zum Zweck, das etwas anderes zum Erscheinen bringt, erscheint hier das technische Werk, sondern seinerseits als ein bedeutsamer Zusammenhang, bei näherer Hinsicht durchaus so prekär, wie es Adorno für die Kunstwerke aufzeigt. Gemeint ist schließlich, was der französische Technikphilosoph Gilbert Simondon (1924-1989) als Technoästhetik bezeichnet und was auf die intime Eingelassenheit in konkrete, individuelle Werkzusammenhänge verweist, auf das Gefühl dafür, das Wissen und die Sorge darum, ob es mit rechten Dingen zugeht in der so oder so technisierten Welt. Unter dem Vorzeichen der Lust (und Unlust) steht die affektive Beziehung zum technischen Gerät, das wir mit Stolz und Freude betrachten, über das unsere Hand wohlgefällig gleitet, dessen wir nicht müde werden, das wir gar als besten Freund, unverzichtbaren Partner, unerschöpflichen Quell der

Kurzweil betrachten, wie dieser Tage etwa das Handy. Darüber hinaus steht unter dem Vorzeichen der Liebe (und Enttäuschung) die behutsame Sorge, die den Sachverständigen einlässt in die komponierte Welt eines technischen Werk- oder Wechselwirkungszusammenhangs.

»Du fragst mich Freund welches besser ist, von einem bösen Gewissen genagt zu werden oder ganz ruhig am Galgen zu hängen?« [C 247] In einer Bemerkung Georg Christoph Lichtenbergs ist dies eine Alternative, vor die uns der Galgen stellt. In Bezug auf die Guillotine lautet sie anders, ob nämlich der Kopf wie bisher brutal und ungenau abgehackt oder sauber und effizient abgeschnitten werden soll. In seiner durchaus techniktheoretischen Würdigung aus dem Jahr 1795 meint Lichtenberg, »daß die Guillotine mit langer Schneide, großem Gewicht, und hohem Falle, das sanfteste Mittel ist, den Kopf vom Rumpf zu trennen; sie allein schneidet im eigentlichen Verstand; das Beil hackt und klemmt«, auch Schwert, Schere und Säge nehmen sich vergleichsweise schlecht aus (1972, S. 490). Um den Weg geht es dabei, den eine Klinge oder Schneide zurücklegen muss, bis Kopf und Rumpf voneinander getrennt sind. Dieser Weg kann mehr oder weniger lange dauern, mehr oder weniger schmerzhaft empfunden werden – zumindest in der Vorstellung des zum Tode Verurteilten, seiner Freunde und Verwandten. »Unter solchen Umständen«, meint Lichtenberg, »glaube ich, ist es Pflicht, selbst für die praktische Mechanik, jene schwere Passage nach allen Kräften zu erleichtern.«

Die Guillotine als Sinnbild der Technik steht also nicht nur für eine effiziente Tötungsmaschinerie und eine dehumanisierend instrumentelle Vernunft, die das rechte Mittel zu jedem beliebigen Zweck sucht. Sie bedeutet auch die ärztliche und radikaldemokratische Pflicht ihres Erfinders Joseph-Ignace Guillotin, der eine humane und egalitäre Hinrichtungsmethode für alle Verbrecher aus allen gesellschaftlichen Ständen suchte (Arasse 1988). Nicht in Ansehung der Herkunft, nicht in Ansehung des Verbrechens, ohne Rachegelüste oder Rücksichtnahmen, sondern leidenschaftslos an der Sache orientiert vollzieht sich das Todesurteil darum human, weil es in dieser Sache um Mensch und Maschine und ihr gelingendes Zusammenwirken geht.

Freilich klingt die Rede von einem ästhetischen Gelingen in diesem Zusammenhang morbide oder pervers, auch wenn wir die behutsame Sorge des revolutionär bewegten und sachverständigen Mediziners ernst nehmen. Wie sonst aber ließe sich zur Sprache bringen, was den Unterschied der schneidenden Guillotine ausmacht zu Beil, Schwert, Schere und Säge – ganz zu schweigen von Egge und Zeichner in der von Franz Kafka detailliert beschriebenen Strafkolonie mit ihrer grotesken, ästhetisch nicht gelingen wollenden Hinrichtungsmaschinerie? Hierzu dürfte die Technik nicht nach subjektiver Maßgabe des Guten und Schönen am Kunstwerk beurteilt werden, müsste vielmehr das Kunstwerk vom technischen Werk her gedacht werden und gefragt, ob oder wann oder wie es mit rechten Dingen zugeht in der Welt dieses Werks. Damit könnte sich eine techno-ästhetische Urteilskraft herausbilden, die sich freilich nicht an die Stelle einer politisch-moralischen Urteilskraft stellen kann, diese aber herauszufordern, zu ergänzen oder erweitern vermag. So zielt das im Gegensatz zur Technik vom subjektiven Gefallen her gedachte ästhetische Urteil bei Kant auf den Gemeinsinn und eine das bloß Subjektive übersteigende Verbundenheit der Urteilenden (Kant 1790, § 40). Die techno-ästhetische Urteilskraft bezieht sich nach Simondon hingegen auf den dinglichen Zusammenhang, in dem Technik nicht als anonyme Macht, sondern als Bedingung der Konkretion und Individualisierung erscheint. Was sich nämlich in der bloßen Betrachtung aus verschiedener Perspektive gleich darstellt, konkretisiert sich in den Empfindungen der Künstler, Handwerker, Maschinenwärter, Nutzer – hier »geht es um einen gewissen Bezug zum Stoff, der durch Arbeit transfomiert wird« (Simondon 2012b, S. 3). Die primäre Kategorie der Techno-Ästhetik besteht hiernach im Nutzen, im Umgang, denn hier wird sie »etwas Orgasmisches, ein fassbares Mittel und stimulierender Antrieb. Wenn sich eine verkantete Mutter löst, erfährt man einen motorischen Genuss, eine gewisse instrumentalisierte Freude, eine – durch das Werkzeug vermittelte – Kommunikation mit dem Ding, das das Werkzeug bearbeitet. Es ist wie das Schmieden: mit jedem Schlag des Hammers erfährt man den Zustand des geschmiedeten Metalls, das sich dehnt und verformt zwischen Hammer und Amboss.« (2012b, S. 3)

Bisher ließe sich eine weitgehende Übereinstimmung der Auffassungen Gilbert Simondons und Alexander Kluges diagnostizieren – im intimen Kontakt mit der stofflichen Welt beurteilen die Gefühle, worauf sie vertrauen dürfen, was zu prüfen wäre, wo es mit rechten Dingen zugeht und wo nicht. In einem Interview zum Film *Die Macht der Gefühle* führt Kluge dies aus:

»Im Film ist beispielsweise der Ausgangspunkt ein Mann mit einer Schraube, der eine Schraube schraubt. Er sagt, diese Schraube kann man nur mit viel Gefühl schrauben. Macht man sie zu fest, dann wird sie überspannt, macht man sie zu locker, dann löst sie sich und die Mutter geht verloren. ... Jetzt kannst du dir die Parallelen dazu denken: Wenn du versuchst zu tanzen oder mit Musik umzugehen und das mit dem Verstand machst, dann wirst du nicht sehr weit kommen. Wenn du dieses Schrauben-Bild überträgst auf erotische Dinge, dann könnte manche Frau oder mancher Mann sagen: ich möchte mit meinen Körperteilen wenigstens so sorgfältig behandelt werden wie eine Schraube, ich möchte nicht ruppig behandelt werden, ich möchte nicht ungeschickt behandelt werden, und so gibt es für die einfachen Gefühle die Unterscheidung: rechter Zeitpunkt, rechte Festigkeit, rechte Lockerheit.« (Kluge 1984, S. 180f.)

Simondons techno-ästhetische Betrachtungen gehen hier noch einen Schritt weiter, führen über das sinnliche Moment des technischen Umgangs mit den Dingen hinaus und in das Ensemble technischer Komponenten hinein (2012a). Das wahre Individuum ist beispielsweise eine Batterie, die in sich viele Teile vereint und selbst Bestandteil eines Ensembles ist, oder ein Wasserturm, der unverschämt alle Gebäude überragt und damit im Straßengeflecht eines Dorfs überall gleichmäßig den Wasserdruck wahrt. Die Freude angesichts solcher Konstruktionen, so Simondon, »ist zugleich technisch und ästhetisch. Das techno-ästhetische Gefühl scheint eine primitivere Kategorie zu sein als das ästhetische Gefühl für sich genommen, aber auch als der nur nach funktionalem Gesichtspunkt (eine verarmende Perspektive) technische Aspekt.« (Simondon 2012b, S. 7)

In dieser Beschreibung des technischen Objekts und seiner Individualisierung in einem Ensemble begegnet uns das technische Kunstwerk. An einem Fahrwerk, einem Uhrwerk, einem Wasserwerk, einem Netzwerk oder jeglichem Ensemble komponiert zusammenwirkender Dinge begegnen wir einer Welt, die uns einlässt und in die wir wissend handelnd eingelassen sind. Nun klingt die Rede vom Eingelassensein in der Welt unhaltbar mystisch, insbesondere wo sie sich in der Vorstellung mit Meditationsübungen verbindet, mittels deren eine kosmische Einheit aufzuspüren sei. Mystisch ist diese Rede immer noch, aber in einem ganz anderen, fassbaren Sinn, wenn sie auf das von Koyré dargestellte vormodern kosmische Weltverhältnis anspielt – wenn also die Welt, in die wir eingelassen sind, ein begrenztes und geordnetes Ganzes ist, das die Dinge an ihren rechten Ort verweist, vielleicht eine Lebensform. Diese wäre die mystische Erfahrung von Fabrikwerken als Industriewelten, die uns einen Takt vorgeben. Es wäre auch die mystische Erfahrung des wunderbaren Zusammenspiels in einem Streichquartett oder die mystische

Verklärung bei einem totalitären Massenaufmarsch oder das mystische Staunen am Schwarmverhalten und an der sprachlosen Absprache einander fremder Menschen, die sich ganz friedlich ein Schwimmbecken, eine Tanzfläche oder einen Marktplatz teilen. In all diesen Situationen geht es technisch gesehen mit rechten Dingen zu, ergibt sich ein Wissen um den Zusammenhang allein über die handelnde Teilnahme an diesem Zusammenhang.

Das unbegrenzte, naturgesetzlich definierte Universum besteht aus einer Ansammlung von Tatsachen. Die Summe all dessen, was zufällig gerade der Fall oder vorhanden ist, macht die Welt aus. Dagegen erscheint unangemessen die »holistische« Anschauung der Welt als begrenztes Ganzes und also als eine Gesamtheit zusammenwirkender Teile – unangemessen nur nicht angesichts eines technischen Werks. »Als Ding unter Dingen ist jedes Ding gleich unbedeutend, als Welt jedes gleichbedeutend« – Ludwig Wittgenstein hat diese Bemerkung vielleicht auf einerseits die bloße Ansammlung von Zahnrädern, Schrauben und Federn gemünzt und auf andererseits ihre komponierte Zusammensetzung in einem Uhrwerk: »Das Gefühl der Welt als begrenztes Ganzes ist das Mystische« (Wittgenstein 1922, S. 178, und Bemerkung 6.45). Auf ein ausgewähltes technisches Ensemble bezogen beurteilt dieses Gefühl der Welt als begrenztes Ganzes das Zusammenwirken der Dinge im Werk (Nordmann 2014, 2015). Ein ästhetisches Urteil ist dies nicht nur, weil es um Stimmigkeit und Folgerichtigkeit geht, sondern auch, weil es die Regeln der Kunst betrifft, nach denen die Dinge dazu gebracht werden, in einem Werk zusammenzuwirken. Ein »primitives« Urteil ist dies, weil es noch vor dem liegt, womit sich die Ästhetik als Kunsttheorie gewöhnlich befasst, wenn sie das gebrochene Verhältnis des im Erscheinen auch schon wieder verschwindenden Kunstwerks betrachtet und somit den kritischen Eingriff und das immer über das Subjekt vermittelte ästhetische Urteil. So fordert das primitivere techno-ästhetische Urteil die Ästhetik heraus, die technische gelungene Komposition zum Ausgangspunkt zu nehmen, nach den Regeln der Kunst und den Kriterien des Gelingens zu fragen.

Wenn es mit rechten Dingen zugeht, schnurrt der Motor und ist das Auto scheinbar unangestrengt auf dem raschen Weg zu seinem Ziel. Wenn das Auto aber einen Platten hat, fährt es erst weiter, wenn ein Rad gewechselt wurde. Eine Welt ist zerbrochen, das Auto als Ensemble, Werk oder Wirkungszusammenhang muss repariert werden. Diese Welt, die da zerbrochen ist, ist freilich nur eine Welt und nicht meine Welt – oder doch? In Bertolt Brechts Gedicht vom »Radwechsel« stellt sich diese Frage: »Ich sitze am Straßenrand / Der Fahrer wechselt das Rad. / Ich bin nicht gern, wo ich herkomme. / Ich bin nicht gern, wo ich hinfahre. / Warum sehe ich den Radwechsel / Mit Ungeduld?« (Brecht 1967, S. 1009) Etwas ist kaputt und drängt darauf, wiederhergestellt zu werden. Die Ungeduld wäre also das Wissen darum, wie es sein müsste, wenn es gehen soll. Mehr als das jedoch erweist sich das techno-ästhetische Urteil als reflektiv. Wesentlich ist nicht, ob ein technisches Werk wie das Feuerwerk im Erscheinen schon verglüht, ob es wie die Guillotine seine human-inhumane Arbeit pünktlich verrichtet, ob es irgendwann oder nie kaputt ist oder die Möglichkeit des Kaputtgehens nur wie einen Schatten mit sich führt. So oder so bedeutet die Betrachtung eines begrenzten Ganzen, eines funktionierenden Organismus und wirkenden Mechanismus die ungeduldige Forderung, es möge mit rechten Dingen zugehen, aber auch ihre Verstörung, wenn wir nicht wissen, wo wir herkommen oder wohin wir sollen. In einem Vortrag über »Die Schönheit des Kaputten: Technisches Versagen als Versprechen« zeigt Joachim Landkammer nicht nur an Brechts Gedicht, was passiert, wenn die heile Welt eines technischen Ensembles kaputtgeht, wie damit auch unsere Weltbezüge unterbrochen werden, wie sich normale technische Wirkzusammenhänge in metaphysische Sinnfragen verkehren, wie sich ein nur scheinbar begrenztes Ganzes öffnet (Landkammer 2015). Die unhinterfragten Regeln der Kunst werden in der Kunst hinterfragt – von den technischen Kunstwerken der Kunst und der Technik, spätestens wenn ihre begrenzte Ganzheit zum Problem wird, spätestens wenn es richtig oder falsch sein kann, wie es mit rechten Dingen zugeht, spätestens wenn sie kaputt sind.

Sein und Sollen: Eine Schlussbetrachtung

Rückblick: Angemessene Verhältnisse

Nach zehn Sinnbildern der Technik darf eigentlich noch nicht Schluss sein. Andererseits hat diese Einführung ihre Schuldigkeit getan, wenn sich ihre Leser nun auf andere Sinnbilder der Technik besinnen: auf den programmierbar-automatisierten Webstuhl und die Maschinenstürmerei, auf das Schreiben als Kulturtechnik, auf den Computer samt Internet und den zugehörigen Vernetzungstheorien.

Statt jedoch die Aneinanderreihung beliebig fortzusetzen, kommt es jetzt eher darauf an, die vielfältigen Perspektiven wenigstens versuchsweise zusammenzuführen. Am Anfang aller zehn Reflexionsbewegungen stand die Frage von Grunwald und Julliard: »Was meinen wir, wenn wir generalisierend über Technik reden?« – und ihr Vorschlag, dass »das Ergebnis dieser Reflexion [...] sodann durch den Begriff ›Technik‹ abkürzend begrifflich gefasst« wird (Grunwald/Yannick 2005, 140). Wenn wir also generalisierend von einem Sinnbild des Technischen ausgehen, führt uns dies auf einen Reflexionsbegriff, der allgemeine Aspekte der Technik erschließt.

Wir haben mit zwei im weitesten Sinne anthropologischen Reflexionen begonnen, denen zufolge die Frage nach dem Wesen der Technik auf die Frage nach dem Menschen hinausläuft. Demnach meinen wir uns selbst als poetisch hervorbringende, ans Licht bringende Wesen, wenn wir allgemein über die silberne Opferschale sprechen. Das von uns geschaffene Ding und wir selbst treten in die Welt, werden weltlich. Der Mensch entbirgt sich in der Technik als Hervorbringender. Und wenn wir allgemein über die Maschine sprechen, meinen wir, dass wir selbst in die Technik einbezogen sind. Die Maschine funktioniert, insofern wir uns zu Teilen der Maschine machen und insofern die ganze Welt ein berechenbares Kräfteverhältnis wird. Ob Megamaschine oder Gestell, die Technik stellt der Natur und dem Menschen nach, die nur noch Ressource oder Bestand sind. Der Mensch entbirgt sich als Gegenstand.

Zwei Reflexionen über die Technik als Lebensform und damit zum Zusammenleben von Menschen und Dingen sind an die Stelle klassisch naturphilosophischer Fragestellungen getreten. Wenn wir allgemein über den Berliner Schlüssel sprechen, meinen wir, dass wir uns mit der Technik und über die Technik im Raum organisieren. Technische Systeme in einer Welt von Menschenhand stellen Aktionsprogramme und Handlungszusammenhänge dar, in der menschliche und nicht-menschliche Mittler an die Stelle von Subjekten und Objekten treten. Wir befinden uns also in technischen Zusammenhängen, so wie wir uns einst vielleicht in der Natur befunden haben. Die Technik steht nicht zwischen uns und der Welt, sondern besteht im Zusammenwirken von Menschen und Dingen. Und wenn wir allgemein über die Krebsmaus sprechen, meinen wir die offene Frage, ob die von uns technisierte Natur wirklich eine entzauberte, rational beherrschbare, mehr oder weniger transparente Gegennatur ist – oder ob wir nicht womöglich in ein magisches Verhältnis gegenüber einer ineinander verschmolzenen Technik und Natur zurückfallen.

Ging es bei den naturphilosophischen Fragen um die Organisation der Dinge im Raum, so haben zwei weitere Reflexionen die geschichtsphilosophische Frage nach der Ausbreitung der Technik in der Zeit verfolgt. Wenn wir allgemein über einen Hebammengriff wie den »Bracht« nachdenken, meinen wir damit nicht den Grad, sondern die Weise der Technisierung. Hiernach ist jede Lebensform technisiert und stellt somit einen Gewaltzusammenhang dar, in dem Kräfte ausgeübt und Gegenkräfte provoziert werden. Dabei zeigten der Gegensatz von Bracht und Kaiserschnitt, dass diese Gewalt unterschiedlich organisiert und kritisiert werden kann, dass sie nicht unbedingt entfremdet und entfremdend ist. Der archäologisch geschichteten Abfolge der Lebensformen stehen Theorien andauernder und kumulativ fortschreitender Technisierungsprozesse gegenüber. Wenn wir allgemein über die Kamera nachdenken, meinen wir somit die unaufhaltsame, geradezu schicksalhafte Bewegung, die eine immer größere Entfremdung oder Ermächtigung, Beschleunigung und Überforderung, Entlastung oder Befreiung des Menschen hervorbringt. Die Kamera signalisiert, dass nicht nur körperliche, sondern zunehmend auch kognitive Leistungen in technische Systeme integriert werden und die technisierte Welt sich nun auch mit technischen Mitteln selbst reflektiert. Technik dient heute der Technikbeherrschung, mithilfe der Technik eignen sich Menschen Technik an.

Die nächsten beiden Sinnbilder des Technischen haben Reflexionen über die Rationalitätsform der Technik und damit über das Denken und Wissen von Ingenieuren angestoßen. Wenn wir allgemein über ein wissenschaftliches Instrument wie die Vakuumpumpe nachdenken, meinen wir zunächst eine instrumentelle Vernunft, die die Natur im Labor unterwirft und sie sich zum Mittel der Erreichung unreflektierter Zwecke zurichtet. Die Technik erscheint als Ideologie der Verwaltung und Optimierung einer Gesellschaftsmaschinerie. Bei näherem Hinsehen entzieht sich die Vakuumpumpe jedoch dem Mittel-Zweck-Schema auf vielfältige Weise und unterläuft den Kontrast von instrumenteller und kommunikativer Vernunft. Wenn wir dagegen allgemein über das Fahrrad und seine Entwicklung nachdenken, meinen wir einen gesellschaftlich-technischen Gestaltungsprozess, in dem alles verhandelbar, nichts notwendig ist. Je näher wir eine Entscheidung von Ingenieuren anschauen, desto komplizierter, weniger eindeutig und individueller erscheint sie. Und entsprechend kontextuell und trotzdem objektiv ist das Fertigkeitswissen von Ingenieuren, das sich nicht als versprachlichtes Textbuchwissen aus seinen konkreten Anwendungszusammenhängen herauslösen lässt.

Diese Reflexionen auf allgemeine Aspekte der Technik ergänzen sich nun wenigstens insofern, als sie gewisse weitverbreitete Vorstellungen infrage stellen oder sogar gänzlich zurückweisen. Offenbar nicht richtig ist zum Beispiel, dass Technik immer nur Mittel zum Zweck, Werkzeug zur Erreichung eines Ziels ist. Dazu müssen wir nur in Betracht ziehen, wie sie unsere Lebensformen strukturiert und dies gelegentlich auf geradezu zweckfreie, symbolische oder spielerisch ritualisierte Weise. Technik ist darum auch kein Medium, das zwischen Mensch und Welt oder Natur tritt, sondern sie transformiert Mensch und Natur auf so vielfältige Weise, dass diese sich gerade nicht mehr gegenüberstellen lassen – sei es durch Vergegenständlichung des Menschen, sei es durch das Verschwinden der Technik in der uns umgebenden und unsere Handlungen strukturierenden Natur, sei es durch die konkrete Vernetzung menschlicher, technischer und natürlicher Aktionsprogramme. Eher schon ist Technik das Medium, in dem sich alles Handeln und jeder Austausch abspielt. Darüber hinaus wird gern kolportiert, dass die Technik vor allem dem Zuwachs physischer und geistiger Kräfte und der Erweiterung menschlicher Fähigkeiten diene. Dies verkennt aber, dass sie auch ihre eigenen Folgeprobleme schafft, dass sie Abhängigkeitsverhältnisse produziert, menschliche Freiheit nicht nur befördert, sondern gleichzeitig einschränkt und diszipliniert. Die Technik wird auch als Fortsetzung der biologischen Evolution verstanden – der Mensch verwandle sich durch sie in ein besser gewappnetes und überlebensfähigeres Schalentier. Dass die Entwicklung der Technik aber nicht als etwas Naturwüchsiges angesehen werden kann, das vor allem Anpassungsleistungen erfordert, verdeutlicht der Beitrag von Nutzern im Zusammenhang einer gesellschaftlichen Gestaltung neuer Technologien. Gerade in jüngerer Zeit sprechen wir den von der Technik erzeugten Verwundbarkeiten größeres Gewicht zu als den von ihr erstrittenen Vorteilen im Kampf ums Überleben. Was vielleicht lange als selbstverständlich galt, ist heute eine offene Frage: Dient eigentlich die gegenwärtige Weiterentwicklung technischer Systeme in Bereichen wie Kommunikation, Gesundheit, Energie der größeren Robustheit und Verlässlichkeit, oder erschließt sie neue Optionen, die unser Leben in vieler Hinsicht unsicherer machen, indem sie Fragilität und Nichtwissen erhöhen?

Umstritten bleibt auch die Frage, ob Technik immer Naturbeherrschung sei. Zumindest gibt es die von Herbert Marcuse oder Ernst Bloch vorgestellte Alternative einer befreienden statt unterwerfenden Naturbeherrschung, die mit der Natur und nicht gegen sie vorgeht. Gegen die Technik als Beherrschung der Natur spricht aber auch, dass sie einen imaginativen Überschuss freizusetzen vermag und ihre eigenen Phänomene schafft, die den Bestand der Natur nicht nur aufzehren, sondern auch erweitern und überhöhen. Unhaltbar ist schließlich auch die Vorstellung, dass die Technik in den Bereich des Herstellens oder Hervorbringens und nicht eigentlich in den des Handelns gehört. Beispielsweise hieß es ja, dass wir mittels der Technik unser Verhältnis zu den Dingen regeln wie mittels der Sprache unser Verhältnis zu anderen Menschen. Herstellen und Handeln könnten dementsprechend nur dann säuberlich getrennt werden, wenn wir auch die Objekte säuberlich von den Subjekten trennen könnten, wenn unser Verhältnis zu den Dingen säuberlich von unserem Verhältnis zu den Menschen getrennt werden könnte und wenn Sprache eben keine Technik, Technik eben keine Sprache wäre. Aber all diese Trennungen unterläuft die Technik und lässt sich schon darum nicht auf das Herstellen beschränken.

Mit dem Feuerwerk und der Guillotine hatten wir es schließlich mit Sinnbildern einer Technik zu tun, die jenseits ihres fragwürdigen Nutzens und ihrer Funktionalität Lust und Unlust erregt. Dabei ging es nicht um schönes Design, das ein sinnliches Wohlgefallen erregt, sondern um ein ästhetisch gelingendes Zusammenleben mit den Dingen. Das Feuerwerk führte uns nicht nur auf verschwenderischen Übermut und disziplinierten Exzess. Gleichsam im Verglühen und als Nachbild erschien die schlichte Freude an der einfachen Verrichtung, an der unscheinbaren Ordnung immer gleicher Abläufe. Und selbst wenn wir allgemein über die Guillotine nachdenken, stoßen wir auf Technik, die eine Welt heraufbeschwört, in der alles mit rechten Dingen zugeht, in der alle Teile so wunderbar ineinandergreifen, dass selbst die Enthauptung sanft, glatt, sauber vonstattengeht. Und wenn das Gerät kaputt ist, dann ist mit dem Werk auch das Weltverhältnis zerbrochen. Spätestens jetzt erweist sich die Nähe von technischen und künstlerischen Werken auch in der ästhetischen Erfahrung – an diesen Werken erfahren und reflektieren wir unser Verhältnis zur Welt und die Ordnung der Dinge.

Viele Vorurteile über die Technik überstehen die an konkreten Sinnbildern orientierten Reflexionsbewegungen also nicht. Aber lässt sich auch positiv sagen, worauf diese so unterschiedlichen Bewegungen zulaufen und was mit »Technik« denn nun gemeint ist? Es bleibt zunächst die allemal zu konkretisierende Vorstellung der Technik als Lebensform. Insofern dieser Begriff auf die Sprachphilosophie Wittgensteins zurückgeht, legt sie auch schon die Analogie von Sprache und Technik nahe: Mit der Technik organisieren wir die Dinge im Raum.

Aber auch dies ergibt sich aus den hier erzählten Technikgeschichten: Technik ist das, was Gegenstand dieser Geschichten ist. Nicht nur lassen sich von der silbernen Opferschale auch Kunstgeschichten, von der Vakuumpumpe auch Wissenschaftsgeschichten, und vom Fahrrad auch Konsum- und Kulturgeschichten erzählen. Wenn wir also wissen wollen, was Technik ist, müssen wir fragen, wie etwas überhaupt zu einem Sinnbild des Technischen wird und den Anstoß speziell zu einer Technikgeschichte gibt. An dieser Stelle hilft ein weiterer Begriff Wittgensteins – der der Familienähnlichkeit. Wenn wir Kunstgeschichten erzählen, gruppieren wir die silberne Opferschale mit der Mona Lisa und einem Streichquartett Beethovens in eine Großfamilie. Und wenn wir Maschine und Opferschale, Berliner Schlüssel und Krebsmaus als Mitglieder einer Familie betrachten, können wir ausgehend von jedem dieser Familienmitglieder Geschichten über die ganze Familie erzählen und Aussagen über »die Technik« machen.

Diese offenbar zirkuläre Bestimmung der Technik befriedigt natürlich niemanden, der ein Kriterium sucht oder eine Festlegung des Umfangs alles Technischen. Aber so ist es nun einmal mit Familien: Es gibt Ähnlichkeitsbeziehungen zwischen Familienmitgliedern, aber keine Eigenschaft, die alle Familienmitglieder teilen, und keine scharfe Grenze dafür, wer noch zur Familie gehört und wer nicht. Mit der Kunst ist es dasselbe, auch mit dem Spiel, aber auch mit scheinbar konkreteren Dingen wie Modell, Maschine oder Begriff. Wenn Technik also das ist, was Gegenstand einer Technikgeschichte ist, die relevante Ähnlichkeitsbeziehungen verdeutlicht, dann wird auch verständlich, dass es von der Art des Fragens und Geschichtenerzählens abhängt, was ein technisches Problem ist, das eine technische Lösung verlangt. So ist es möglich, Fettleibigkeit als ein technisches Problem zu definieren: Eigentlich brauchen wir nur eine Technik, die den übermäßigen Konsum mit einer sofortigen intensiven Schmerzerfahrung verbindet, die der Esslust automatisch Einhalt gebietet – und schon würde es sehr viel weniger fettleibige Mitbürger geben. Aber eben dies ist zu Recht umstritten: Sollen wir wirklich als ein technisches Problem definieren, was vielmehr ein ökonomisches Problem, ein Bildungsproblem, ein ästhetesches, politisches, wissenschaftliches Problem ist?

In einer solchen Debatte geht es gleichermaßen um ein angemessenes Verhältnis zum Tatbestand der Fettleibigkeit und um ein angemessenes Technikverhältnis, wie es in jeder der acht unterschiedlichen Technikgeschichten erprobt wurde. Ist es unvermeidlich, dass auch die Fettleibigkeit früher oder später als ein technisches Problem definiert wird? Ist die Fettleibigkeit darum ein technisches Problem, weil sie mit technischen Mitteln behandelt werden kann oder weil sie durch die Technisierung erzeugt wurde? Wollen wir sogar behaupten, dass sich der Mensch in einer auf Konsum orientierten technischen Welt als fettleibig entbirgt, dass dieser Mensch das heimliche Ziel einer entlastenden und allen Mangel kompensierenden Technikentwicklung ist?

Auf derartige Fragen geben unsere verschiedenen Technikgeschichten unterschiedliche Auskunft, womit wir vor der Wahl einer angemessenen Technikgeschichte stehen. So kehren wir also schließlich an den Ausgangspunkt dieser Einführung zurück – dass nämlich die Frage nach dem Wesen der Technik wie die nach dem Wesen der Kunst keine Seins-, sondern eine Sollensfrage ist, die ein durch Reflexion gewonnenes Urteil erfordert. Und damit sind wir bei den ethischen Dimensionen der Technik angelangt, die alles Bisherige nur implizit begleitet haben.

Ausblick: Ansätze zu einer Technikethik

Am Schluss steht nun nicht der Versuch, eine Art Schnellüberblick über die Technikethik zu geben. Was hingegen versucht werden soll, ist eine Untersuchung der grundlegenden Beziehung zwischen der Technikphilosophie und einer Ethik der Technik oder Ingenieursethik. Grundlegend ist diese Beziehung, weil der Raum des Ethischen erst dadurch konstituiert wird, wie wir technisches Handeln konzipieren. Ethik setzt nämlich eine mindestens dreistellige Beziehung voraus zwischen einem, der handelt oder eine Handlung unterlässt, einem zweiten moralisch signifikanten Wesen, das von der Handlung betroffen ist, und drittens dem, was in der Handlung zur Geltung kommt oder worin die Handlung besteht. Konkret heißt dies, dass Ethik beispielsweise dann ins Spiel kommt, wenn jemand gegenüber einem anderen in Bezug auf etwas verantwortlich ist. So wäre etwa ein Ingenieur gegenüber dem Nutzer dafür verantwortlich, dass ein Produkt sicher ist. Diese dreistellige Beziehung der Verantwortlichkeit (von jemandem gegenüber jemandem in Bezug auf etwas) setzt aber voraus, dass sich technisches Handeln zwischen Ingenieuren und Nutzern vollzieht und die Eigenschaften des Produkts vom Ingenieur verantwortet werden. Wie wir jedoch gesehen haben, ist dies nur eine Art, den ethischen Raum der Technik zu konzipieren. So geläufig uns einerseits die Figur des für die Sicherheit verantwortlichen Ingenieurs ist, so auffällig ist auch, dass sie uns bisher so selten begegnet ist. Offenbar haben unsere technikphilosophischen Reflexionen die für die Technik wesentlichen Beziehungen zwischen Menschen und Dingen ganz anders konzipiert. Wenn beispielsweise von technischen Entwicklungen und technisierten Lebensformen die Rede ist, wer handelt da eigentlich? Und worauf wird eingewirkt? Und worum geht es dabei?

Ohne Anspruch auf Vollständigkeit lassen sich fünf Ansätze zu einer Technikethik denken, die sich aus den bisherigen Überlegungen ergeben und in gegenwärtigen Debatten eine Rolle spielen.

Gerade in Zeiten einer Hochkonjunktur der Ethik sollten wir uns zunächst daran erinnern, dass es für eine ganze Reihe der hier behandelten Denker so etwas wie eine Technikethik im engeren Sinne gar nicht geben kann. Dies gilt für Aristoteles und Heidegger, aber auch für Hannah Arendt oder Jürgen Habermas. Wenn das Herstellen vom Handeln geschieden wird und die Technik in den Bereich des Herstellens fällt, dann bleibt die Ethik außen vor. Und tatsächlich wird das Herstellen als eine zweistellige Beziehung aufgefasst, in der ein Verhältnis zwischen moralischen Subjekten zunächst gar nicht vorkommt.

Nach dieser Vorstellung versammelt der Prozess des Herstellens schon gegebenes Material, organisiert es nach Formideen oder Zwecksetzungen und bringt somit etwas hervor: Das technische Ding erblickt das Licht der Welt und fördert etwas bisher Verborgenes an den Tag. Damit rückt das technische Erfinden ganz in die Nähe des wissenschaftlichen Entdeckens. Insofern beide vor allem etwas aufdecken und verfügbar machen, können beide für sich reklamieren, dass sie ethisch neutral sind. Sie gehen ganz in der zweistelligen Beziehung zwischen dem Forscher oder Ingenieur und der Natur auf. Die Beziehung zu anderen Menschen oder der Menschheit insgesamt spielt vielleicht vorher bei den Zwecksetzungen und hinterher bei den Anwendungen eine Rolle, aber sie bestimmt nicht die wesentliche Tätigkeit des schöpferischen Hervorbringens, Entdeckens oder Entbergens. Wenn also überhaupt von einem ethischen Raum der Technik und Wissenschaft die Rede sein kann, dann ist dies ein Schutzraum, in dem unabhängig von ethischen und gesellschaftlichen Ansprüchen geforscht und entwickelt werden soll. Die buchstäbliche Entsprechung dieses von der Gesellschaft und ihren Ansprüchen sorgsam getrennten Schutzraums ist das Labor. Als eine Art ethikfreie Zone soll die Tätigkeit im Labor vor äußerer Einmischung geschützt sein, und umgekehrt ist auch die Gesellschaft vor den im Labor hermetisch eingeschlossenen Experimenten geschützt. Nach dieser Vorstellung hört das technische Herstellen auf und beginnt ethisch relevantes Handeln, wenn die Labortüren geöffnet werden, um die Entdeckungen und Erfindungen herauszulassen und womöglich etwas mit ihnen auszurichten.

Vor dem Hintergrund dieser heute längst nicht mehr selbstverständlichen Auffassung bemerkt Ernst Cassirer eine »Ethisierung der Technik«, die offenbar etwas zunächst gar nicht in den Bereich der Ethik Fallendes erfasst habe (1930, 88-90). Wenn nun von Cassirer selbst so etwas wie eine Ethik der Technik ins Spiel gebracht wird, dann handelt es sich dabei um eine ethisch gefärbte Grundeinstellung oder ein Ethos, das sich aus der zweistelligen Beziehung des Erfinders zur Natur ergibt. Dies wäre ein Ethos des Dienens, das sich in der Figur der Befreiung durch Unterwerfung ankündigt. Nur wer die einschränkende Macht der Natur anerkennt, kann als Ingenieur erfolgreich sein, und diese Figur der Anerkennung größerer Interessen prägt ein Berufsethos, das auch das Verhältnis des Ingenieurs zu den Belangen der Menschheit bestimmen soll.

Was sich bei Cassirer ankündigt, hat in der geläufigsten Auffassung von Ingenieursethik Fuß gefasst. Dieser zweite Ansatz zu einer Technikethik bestreitet den Unterschied zwischen Herstellen und Handeln keineswegs, geht aber von der Beobachtung aus, dass die Tätigkeit von Erfindern und Entwicklern, Konstrukteuren und Ingenieuren nicht auf das Herstellen beschränkt ist. Während Naturforscher von sich behauptet haben, dass sie ausschließlich mit der Entdeckung von Tatsachen und der Wahrheitssuche befasst seien, würde kein Ingenieur für sich in Anspruch nehmen, dass Auftraggeber, Nutzer oder gesetzlich vorgegebene Sicherheitsnormen in seiner Arbeit keine Rolle spielen. Tatsächlich verdankt sich der Begriff des »ethischen Raums« der Beobachtung, dass Ingenieure im Vergleich zu theoriebildenden Grundlagenforschern in ein weites rechtliches und ethisches Beziehungsgeflecht eingebunden sind (Johnson 2005). Sorgfaltspflichten, Verantwortung gegenüber Auftraggebern, Kunden und der öffentlichen Sicherheit, aber auch vertragliche Bindungen gehören zum beruflichen Alltag des Ingenieurs. Dementsprechend haben sich Umrisse einer Berufsethik herausgebildet, die auf das Handeln des individuellen Ingenieurs zielt und seine dem Berufsstand verdankten Pflichten benennt. Dies geschieht vornehmlich in den ethischen Kodices beruflicher Organisationen wie dem Verein Deutscher Ingenieure (VDI 2002). Implizit vorausgesetzt ist dabei die Vorstellung, dass technische Artefakte erst von Ingenieuren konstruiert und dann von ihnen aus den Entwicklungslabors auf den Markt und in größere gesellschaftliche Zusammenhänge überführt werden. Dieser individualistischen Sicht entsprechend geht es in der so verstandenen Ingenieursethik beispielsweise um die Frage des »whistleblowing«, also die Pflicht des Einzelnen, gegebenenfalls die eigene Firma und die eigenen Kollegen zu verpfeifen.

Nun fällt auf, dass technikphilosophische Reflexionen nicht bei Ingenieuren und ihren Pflichten stehen bleiben. Indem wir beispielsweise Langdon Winner oder Bruno Latour folgen, verschiebt sich im dritten Ansatz für eine Technikethik die Blickrichtung vom Konstrukteur auf das konstruierte Artefakt. So unterschiedlich die Auffassungen dieser beiden Technikphilosophen auch sein mögen, schreiben sie den konstruierten Dingen doch zu, dass diese in gewisser Hinsicht selbst handeln können. Dass Artefakte inhärent politisch sind und eine politische Richtung vorgeben, meint Winner, während Latour den Gegensatz zwischen Subjekten und Objekten auflöst und statt Intentionalität überall Aktionsprogramme aufspürt. Dass konstruierte Gegenstände handeln können und darum ihrerseits in einen ethischen Raum treten, ist bisher vor allem aus Science-Fiction-Zusammenhängen geläufig. Bekannt sind zum Beispiel die folgenden drei Gesetze, die das Wohlverhalten von Robotern sicherstellen sollen:

»1. Ein Roboter darf keinen Menschen verletzen oder durch Untätigkeit zu Schaden kommen lassen.
2. Ein Roboter muss den Befehlen eines Menschen gehorchen, es sei denn, solche Befehle stehen im Widerspruch zum ersten Gesetz.
3. Ein Roboter muss seine eigene Existenz schützen, solange dieser Schutz nicht dem ersten oder zweiten Gesetz widerspricht.« (Asimov 1990, 471-474)

Diese einzuprogrammierenden Vorschriften bedeuten vor allem, dass den von Menschen geschaffenen Artefakten neben ihren technischen Funktionalitäten immer auch ein moralischer Charakter verliehen wird. Beispiele hierfür lassen sich schnell anführen angesichts etwa des Berliner Schlüssels, der den Menschen Vorschriften macht oder ein Verhalten abverlangt. Wer mit derlei Vollmachten ausgestattet ist, muss tugendhaft sein, und diese Tugenden gehören in das Pflichtenheft der Ingenieure. Vor allem sollen technische Artefakte heutzutage sparsam sein, also wirtschaftlich und leistungsfähig. Auf keinen Fall dürfen sie Energie verschwenden. Auch transparent oder – was nicht dasselbe ist – benutzerfreundlich, verlässlich und sicher sollen technische Geräte sein. Sparsamkeit ist also eine gleichermaßen menschliche und technische Tugend, die zum Beispiel der Sorge um die Umwelt Ausdruck verleiht. Um seinen Nutzer sorgt sich dagegen ein Schreibtisch, der nicht zulässt, dass mehr als eine seiner Schubladen auf einmal geöffnet wird. Sollten alle Schubladen gleichzeitig offenstehen, könnte ein nach vorne umstürzender Tisch seinem Nutzer Schaden zufügen. Im Pflichtenheft des Konstrukteurs würden also nicht nur technische Spezifikationen stehen: Das geplante Konstrukt soll groß, preiswert in der Herstellung und mit anderen Artefakten kompatibel sein, es soll die gestellten Aufgaben mit einer bestimmten Geschwindigkeit erfüllen – und es soll über gewisse Tugenden der Sparsamkeit, Sicherheit, Fürsorge verfügen.

Als Beispiel für die Forderung nach einer in diesem Sinne ethischen Technik mag ein für die europäische Kommission entstandener Bericht über die Konvergenz der heutigen Schlüsseltechnologien dienen. In diesem Bericht heißt es beispielsweise, dass neue Technologien Entscheidungsprozesse nicht übernehmen, sondern ihre Nutzer bei Entscheidungen unterstützen sollen. Statt Arbeitsplätze oder Qualifikationen abzubauen, sollen sie qualifizierte Arbeitskraft erfordern. Statt zur Homogenisierung einer globalen technischen Kultur beizutragen, sollen sie Raum für eine Ausdifferenzierung lokaler Nutzungsmuster bieten (vgl. HLEG 2004, 45). Eine systematischere Fundierung und Entwicklung ethischer Gesichtspunkte für die Konstruktion technischer Mittler findet sich zumindest ansatzweise bei Peter-Paul Verbeek (2005).

So können also einerseits die Ingenieure mit ihren Pflichten und andererseits die Artefakte mit ihren Tugenden unter ethischen Gesichtspunkten betrachtet werden. In beiden Fällen geht es um das Handeln eines einzelnen Menschen oder Gegenstands, das moralisch signifikante Auswirkungen hat. Diese beiden Ansätze werden aber der Vorstellung nicht gerecht, dass die Technik vor allem ein Projekt der gesamten Menschheit ist, sich aus ihrer Naturgegebenheit herauszuarbeiten und eine Gegennatur zu errichten. Mit diesem vierten Ansatz entsteht ein ethischer Raum im Verhältnis von Natur und Gegennatur. Zunächst geht es dabei um den Wert und die Würde einer untechnisierten Natur, die vor den Auswirkungen der Technisierung geschützt werden soll. Hierher gehört einerseits die Frage nach den ökologischen oder gesundheitlichen Nebenfolgen der Technikentwicklung. Eine Zuspitzung dieser Frage führt auf den moralischen und rechtlichen Status von Naturwesen. Könnte es beispielsweise sein, dass der Blauwal ein verfassungsrechtlich garantiertes Lebensrecht hat, wie es sonst nur Menschen zugesprochen wird? In diesem Fall wäre die Konstruktion einer technisierten Gegennatur von ethischer Rücksicht auf die ursprünglich vorausgesetzte und gegebene Natur eingeschränkt. Diese Einschränkungen werden derzeit unter dem äußerst vieldeutigen Begriff der »Nachhaltigkeit« diskutiert, sie werden aber auch konkret durch Gesetzgebung zum Naturschutz oder durch die Festlegung von Emissionsgrenzen festgelegt.

Insofern sich das Verhältnis von Natur und Gegennatur unterschiedlich gestalten lässt, ergibt sich eine ethische Dimension auch aus den entsprechenden Gestaltungsentscheidungen. Die Möglichkeit solcher grundsätzlichen Alternativen hat in unseren technikphilosophischen Reflexionen immer wieder eine Rolle gespielt. So wurden eine befreiende und eine unterdrückende Weise der Naturbeherrschung unterschieden, was sich am Gegensatz von Bracht und Kaiserschnitt illustrieren ließ. Es ging um Technik, die in Allianz mit der Natur und nicht gegen sie arbeitet, aber auch um Technik, die auf problematische Weise selbst naturhaft wird und in der Natur aufgehen will, statt sie in eine technisierte Gegennatur zu transformieren. Hier sind es ganz allgemeine technikkritische Diskurse, aber auch wiederum Gesetzesinitiativen und staatliche Anreize, die auf diese Grundentscheidungen einwirken sollen. Ein gegenwärtiger Schauplatz sind Debatten über die politische Förderung erneuerbarer Energien oder die Anpassung an die Erderwärmung.

Über die Vorstellung eines auf das Individuum bezogenen Berufsethos oder des im Pflichtenheft niedergeschriebenen Charakters eines Artefakts oder Systems geht die gesellschaftliche Auseinandersetzung über das Verhältnis von Natur und unseren technisierten Lebensformen weit hinaus. Der fünfte und vorerst letzte Ansatz führt noch einen Schritt weiter. Er nimmt wörtlich, dass die Technikentwicklung nicht von Ingenieuren verantwortet wird, sondern ein Projekt der gesamten Menschheit ist. Im Vordergrund steht die Idee einer mittels der Technik gemeinsam betriebenen und verantworteten Weltgestaltung, wie sie am Beispiel des Fahrrads vorgeführt wurde. Entwickler und Nutzer, Produzenten und Konsumenten arbeiten die verschiedenen Spielarten der Fahrradkonstruktion miteinander aus. Die Vorstellung einer technischen Weltgestaltung kommt ohne den Gegensatz von Natur und Gegennatur aus und kennt gar nichts anderes als die Abfolge jeweils nur unterschiedlich technisierter Lebensformen. Vor allem kommt die gemeinsam verantwortete technische Weltgestaltung ohne die Idee einer linearen Technikentwicklung aus, was eine weitere Dimension ethisch-gesellschaftlicher Fragestellungen erschließt.

Die oft behauptete lineare Technikentwicklung beginnt in den Kellern der Bastler und Erfinder oder den Laboren der Ingenieure. Erst wenn die Produktentwicklung abgeschlossen ist, treten die technischen Artefakte aus dem Inneren der Entwicklungsabteilungen in die Außenwelt der gesellschaftlichen Nutzung. Der Übergang von der geschlossenen Laborsituation in die offene Konsumwelt kann scharf bewacht werden. Idealtypisch gilt dies für neue Medikamente. Um die 15 Jahre dauert der sorgsam überwachte Weg von der Identifizierung des Wirkstoffs bis zur Verfügbarkeit in der Apotheke. Dazwischen liegen unter anderem mehrstufige klinische Studien, für die es ein ausführliches Regelsystem gibt, das auch auf ethische Fragen des Umgangs mit unbekannten Risiken eingeht. So müssen Teilnehmer an den klinischen Studien ihre wissentliche Einwilligung erklären bzw. ihren »informed consent« signalisieren. Sie sollen sich auf das mit dem Experiment verbundene Risiko nur im vollen Bewusstsein dieses Risikos einlassen. Die Protokolle für klinische Studien betreffen aber auch die Frage nach dem Abbruch des Experiments. Zeichnen sich größere Probleme ab, die den erwarteten Heilungserfolg überschatten, oder können andere Experimente mit kleineren Dosierungen den gewünschten Erfolg ebenfalls nachweisen, sollte eine klinische Studie nicht fortgeführt werden.

Wenn Nutzer und kulturelle Aneignungsprozesse jedoch an der Gestaltung mitwirken, kann nicht mehr von einem strikten Nacheinander von Labor-Entwicklung und öffentlicher Vermarktung gesprochen werden. Und wenn neue Technologien nicht abschließend im Labor erprobt und getestet werden, wird die Gesellschaft zum Labor für neue Technologien (Latour 2005). In diesem Labor finden »Realexperimente« oder »kollektive Experimente« statt. Diese Begriffe bezeichnen eine Situation, in der die Auswirkungen von Technik auf Natur und Gesellschaft erst während ihres Gebrauchs und vielleicht erst im Katastrophenfall bestimmt werden können. Hinzu kommt eine systematische Beobachtung des Experiments, das die Beobachter und Experimentatoren gewissermaßen an sich selbst ausführen. Ein berühmtes Beispiel für derartige Realexperimente ist das mit dem Ortsnamen Tschernobyl verbundene Kernreaktorunglück (Groß/Hoffmann-Riem/Krohn 2005). Nicht nur die katastrophischen Auswirkungen im näheren Umkreis, sondern vor allem die atmosphärische Verteilung des radioaktiven Niederschlags in ganz Europa und seine Spuren im Erdreich, in Pflanzen und der gesamten Nahrungsmittelkette konnten genauestens verfolgt werden, wobei das gewonnene Wissen für die Vorbereitung auf künftige Unglücksfälle dieser Art durchaus praktisch relevant ist.

Zwei weitere Beispiele machen deutlich, wie weit entfernt diese Realexperimente von den klinischen Studien der Pharmaforschung sind. Da sind zunächst die Handys. Ob Handystrahlung gesundheitsschädlich ist oder nicht, wird in gewissen Kreisen heftig diskutiert. Wer sich vor diesem hypothetischen Risiko schützen will, hat keine Chance, denn auch wer selbst kein Handy benutzt, ist der Handystrahlung ausgesetzt. Laborstudien geben keine definitive Auskunft, also bleibt nur die genaue epidemiologische Beobachtung der ganzen Bevölkerung. Diese Selbstbeobachtung der Gesellschaft tritt dort noch deutlicher hervor, wo Laborstudien gar nicht erst bemüht werden, nämlich bei den Auswirkungen des Handygebrauchs auf menschliche Kommunikation und Interaktion. Auch von dieser Selbstbeobachtung gehen gesellschaftliche Lernprozesse aus, die dann beispielsweise zum Handyverbot beim Autofahren und dadurch wiederum zu einem neuen Typus von Handys führen. Die Gesellschaft führt also ein Experiment an sich selbst durch, das mit der Einführung des Handys begann. Im Gegensatz zu klassischen Laborexperimenten ist dieses nicht reversibel und wiederholbar. Wie bei klassischen Laborexperimenten jedoch geht es um aufmerksame Beobachtung und bewusst entwickelte Schlussfolgerungen.

Wie wesentlich und charakteristisch hierbei der Aspekt der kontrollierten Aufmerksamkeit ist, verdeutlicht das Beispiel der Nanopartikel. Manchmal werden sie mit dem Asbest verglichen, nicht weil sie ihm besonders ähnlich wären, sondern weil es sich seinerzeit beim Asbest und heute bei gewissen Nanopartikeln um neue Materialien mit interessanten Eigenschaften handelt, die möglicherweise ein Gesundheitsrisiko darstellen. Schon um 1905 gab es erste Warnungen vor der möglichen Schädlichkeit von Asbest, aber bis über die 1970er Jahre hinaus wurde es im großen Stil verbaut. Verbote gab es ab 1979, doch die Sterblichkeit an Asbestosis wird erst um 2018 ihren Höhepunkt erreichen. Darum heißt es, dass hier die Lehre aus den frühen Warnungen viel zu spät gezogen wurde (Gee/Greenberg 2002). Für die Nanopartikel zeichnet sich ein anderes Schicksal ab. Zwar sagen viele Forscher, dass auch sie gesundheitsschädigende Langzeitwirkungen haben könnten. Da diese aber noch weitgehend unbekannt sind, wird in diesem Fall ein Realexperiment mit Nanopartikeln durchgeführt, das mit höchster Aufmerksamkeit von Toxikologen, Epidemiologen, Arbeitsmedizinern und Umweltwissenschaftlern beobachtet wird. Wachsam begleiten sie das Experiment, damit sofort reagiert werden kann, falls es Anzeichen für Probleme gibt.

Was bedeutet es nun, wenn im Zuge einer offen betriebenen, gemeinsam verantworteten technischen Weltgestaltung die Gesellschaft zum Labor wird, in dem Realexperimente Auskunft über die Auswirkungen neuer Technologien geben? Da wir in diesen Realexperimenten gleichermaßen als Experimentatoren und als Versuchskaninchen vorkommen, fällt die Antwort auf diese Frage zweideutig aus (Felt 2007). Einerseits wird das kollektive Experiment zelebriert. Wenn die Gesellschaft als Labor für wissenschaftlich-technische Entwicklungen anerkannt würde, wäre dies eine hervorragende Grundlage für gemeinsame Verantwortung und gemeinsames Handeln. Soweit Produzenten und Konsumenten, Entwickler und Nutzer die Realexperimente wirklich zusammen durchführen, sind sie miteinander in die Gestaltungs- und Entscheidungsprozesse verwickelt, was eine Demokratisierung der Technikentwicklung ermöglichen sollte. Andererseits sind wir als Versuchskaninchen diesen Experimenten auch anheimgegeben, ohne einen klar definierten Anfang und ein deutliches Ziel zu erkennen, also womöglich auch ohne den Sinn und Zweck dieses Experiments zu verstehen.

Die klassischen Laborexperimente und klinischen Studien der Pharmaindustrie werden ethischen Rücksichten unterworfen, insbesondere wenn sie Tiere und Menschen einbeziehen. Hierzu gehört der »informed consent« oder die wissentliche Einwilligung einerseits, Kriterien für den Abbruch des Experiments andererseits. Auch für die kollektiven Experimente in der Gesellschaft als Labor gelten ethisch-politische Rücksichten, die bisher aber noch nicht systematisch untersucht werden.

Für die Realexperimente mit Kernkraftwerken, Handys oder Nanopartikeln könnte es beispielsweise die Forderung nach so etwas wie wissentlicher Einwilligung geben. Äußerst unklar ist jedoch, wie so etwas auf der Ebene einer ganzen Gesellschaft als Labor aussehen kann. Ganz offenbar lässt sich der »informed consent« eines einzelnen Teilnehmers an einer klinischen Studie nicht auf die Teilnahme von uns allen am gesellschaftlichen Experiment mit technischen Innovationen heraufskalieren. Sheila Jasanoff schlägt daher vor, dass es für europäische Demokratien eher um »informed dissent« gehen müsste, also um eine öffentlich und kontrovers diskutierte Wissenschafts- und Technikpolitik (Jasanoff 2002 und 2005). In diesem Sinne gehören jetzt zahllose Verbraucherkonferenzen, Nutzerlabore, Fokusgruppen, Bürgerbeteiligungen und Stakeholder-Kommunikationen zum Instrumentarium der Wissenschaftspolitik. Diese Foren dienen nicht vorrangig der Konsensbildung, sollen aber eine Transparenz schaffen, die die Technikentwicklung in das Licht politischer Einflussnahme und Weichenstellung rückt und sie vor allem als steuerbar erscheinen lässt. Die ethische Qualität dieses Vorgehens verdeutlicht Jasanoff, indem sie es als »demütig« bezeichnet und damit von allen hochmütigen oder anmaßenden Versuchen abgrenzt, einen gesellschaftlichen Konsens mittels Informationskampagnen über die Vorteile und die Sicherheit neuer Technologien erzeugen zu wollen.

Auch für die Realexperimente stellt sich die Frage, ob es Kriterien für ihren Abbruch gibt. Diese Frage nimmt eine besondere Dringlichkeit dadurch an, dass sich oft nicht sagen lässt, wie eine technische Entwicklung zurückgeholt oder eingedämmt werden könnte, nachdem sie einmal in Gang gekommen ist. Andererseits sind Einschränkungen des Anbaus von genetisch modifiziertem Getreide oder der Stammzellforschung Beispiele dafür, dass es durchaus gesellschaftliche Rahmenbedingungen geben kann und dass nicht jedes vorgeschlagene Realexperiment auch durchgeführt werden muss. Darüber hinaus gibt es hinsichtlich bereits begonnener Experimente eine Diskussion über allgemeine Kriterien für ihren Abbruch. Liegt zum Beispiel der Nachweis vor, dass ein Produkt gesundheitliche Schäden verursacht, kann es offensichtlich vom Markt genommen werden. Dieses Kriterium ist unkontrovers, aber vielleicht nicht ausreichend. Bis nämlich ein Nachweis geführt wurde, kann viel zu viel Zeit vergangen und viel zu viel Schaden angerichtet worden sein. Darum hat sich die Europäische Union auf das durchaus umstrittene Vorsorgeprinzip verpflichtet, das die Beweislast verschiebt: Auch wenn es nur einen begründeten Verdacht und noch keinen Nachweis für die Schädlichkeit eines Produkts gibt, soll es vorsorglich vom Markt genommen werden können (Europäische Kommission 2000; Fisher/Jones/von Schomberg 2006). Die Bedingungen für die Anwendbarkeit des Vorsorgeprinzips sind zwar klärungsbedürftig, aber die Debatte darum kann als Auseinandersetzung um die ethische Verantwortbarkeit eines Realexperiments in der Gesellschaft als Labor angesehen werden.

Jede Reflexionsbewegung über die Technik vermittelt also eine allgemeine Vorstellung, die über Aspekte des Technischen Aufschluss verschafft, und sie versetzt uns dabei in ein mehr oder weniger angemessenes Verhältnis zur Technik. Zu den Kriterien für Angemessenheit zählen dabei ethisch-politische Erwägungen und insbesondere die Frage, ob wir ein freies Verhältnis gegenüber der Technik gewinnen können. Darüber hinaus konstituieren allgemeine Vorstellungen die Grundbedingung, unter der allein von Ingenieursethik oder einer Ethik des Technischen die Rede sein kann. Wer handelt eigentlich – ein Ingenieur, ein konstruiertes Artefakt, die Gattung Mensch, die experimentierfreudige Wissensgesellschaft? Und wen betrifft dieses Handeln – die Auftraggeber und Nutzer, die mit den Artefakten vernetzten menschlichen Akteure, die erste, uns gegebene Natur oder das Versuchsobjekt des Realexperiments? Und worauf bezieht sich dieses Verhältnis – auf die Pflichten des Ingenieurs, auf die Tugenden des Artefakts, auf den inhärenten Wert von Naturwesen, auf die Verantwortbarkeit des Experimentierens an Menschen und Tieren? Und wo finden diese ethischen Verhältnisse ihren Ausdruck – in den Ethikkodices von Berufsverbänden, in den Pflichtenheften des Konstrukteurs, in den Gesetzgebungen und Regulierungsbestimmungen des Staates, in den Instrumentarien der Wissenschafts- und Technikpolitik?

In diesen Aufzählungen erschöpft sich die technikphilosophische Reflexion keineswegs. Mit ihnen hört auch keineswegs die Frage nach den Sinnbildern und Allgemeinbegriffen der Technik auf, die selbstverständlich auch ganz andere ethische Verhältnisse erschließen können. Aber an dieser Stelle sind unsere Reflexionen in der Gegenwart der europäischen Technikpolitik angelangt. Und an dieser Stelle soll diese weiterhin fortführbare Einführung daher schließen.

Danksagung

Tatkräftig und kritisch geholfen haben Kristin Finke, Anna Leuschner und Daniel Quanz. Dank gebührt aber auch den Studierenden der Technischen Universität Darmstadt, die in den Sommersemestern 2006 und 2008 als Versuchskaninchen an diesem Experiment mitgewirkt haben. Stellvertretend für viele sollen mit Ann Johnson und Arie Rip wenigstens zwei Gesprächspartner genannt werden, von denen ich technikphilosophisch viel gelernt habe. Und zuletzt oder zuerst eine Entschuldigung bei meiner Frau Angela, der ich nicht nur für die Arbeit an diesem Buch viel zu viel gemeinsame Zeit gestohlen habe.

Anhang

Weiterführende Literatur

Die vorliegende Einführung konnte nicht um Vollständigkeit bemüht sein. Die folgenden, wiederum eklektischen Lektüreempfehlungen können dabei helfen, einige Lücken zu schließen und andere Zugänge zu ermöglichen.

Fischer, Peter (2004), Philosophie der Technik. Eine Einführung, München.

Hörl, Erich (Hrsg.) (2011), Die technologische Bedingung. Beiträge zur Beschreibung der technischenWelt, Frankfurt/M.

Hubig, Christoph (1993), Technik- und Wissenschaftsethik. Ein Leitfaden, Berlin.

Hubig, Christoph/Huning, Alois/Ropohl, Günter (Hrsg.) (2000), Nachdenken über Technik. Die Klassiker der Technikphilosophie, Berlin.

Jonas, Hans (1984), Das Prinzip Verantwortung. Versuch einer Ethik für die technologische Zivilisation, Frankfurt/M.

Kornwachs, Klaus (2014), Philosophie für Ingenieure, München.

Krohn, Wolfgang (2006), »Platons Philosophie der Technik«, in: Schiemann, Gregor/Mersch, Dieter/Böhme, Gernot (Hrsg.), Platon im nachmetaphysischen Zeitalter, Darmstadt, S. 155-178.

Mitcham, Carl (1998), »The Importance of Philosophy to Engineering«, Teorema 17:3, S. 27-47.

Nye, David E. (2006), Technology Matters. Questions to Live With, Cambridge, MA.

Rapp, Friedrich (1994), Die Dynamik der modernen Welt. Eine Einführung in die Technikphilosophie, Hamburg.

Ropohl, Günter (1985), Die unvollkommene Technik, Frankfurt/M.

Scharff, Robert C./Dusek, Val (Hrsg.) (2003), Philosophy of Technology: The Technological Condition. An Anthology, Malden, Oxford.

Die internationale Society for Philosophy and Technology führt alle zwei Jahre eine Tagung durch, die eine Vielzahl von Perspektiven zusammenführt: www.spt.org. Sie gibt auch die netzbasierte Zeitschrift *Techné: Research in Philosophy and Technology* heraus, deren Inhalte weitgehend frei verfügbar sind.

Literaturverzeichnis

In der Regel werden Texte nach Erscheinungsjahr und Seitenzahl zitiert. Abweichende Gepflogenheiten sind in diesem Literaturverzeichnis angegeben.

Abel, Günter/Kroß, Matthias/Nedo, Michael (Hrsg.) (2008), Ludwig Wittgenstein: Ingenieur – Philosoph – Künstler, Berlin.

Adorno, Theodor W. (1970), Ästhetische Theorie, Frankfurt/M. ^{5}1981.

Aischylos (470 v.Chr.), »Der gefesselte Prometheus«, in: ders., Die Tragödien und Fragmente, Stuttgart 1939, S. 343-393. [Übersetzung von Johann Gustav Droysen; zitiert wird die Zeilennummer]

Anders, Günther (1961), Die Antiquiertheit des Menschen: Über die Seele im Zeitalter der zweiten industriellen Revolution, Band 1, München.

Anders, Günther (1972), Endzeit und Zeitende: Gedanken über die atomare Situation, München.

Arasse, Daniel (1988), Die Guillotine: Die Macht der Maschine und das Schauspiel der Gerechtigkeit, Reinbek.

Arendt, Hannah (1967), Vita activa oder vom tätigen Leben, München ^{3}2005.

Aristoteles (1985), Nikomachische Ethik, in: Aristoteles, Philosophische Schriften, Bd. 3, Darmstadt 2003. [Zitiert wird auch nach der Bekker-Zählung: Seitenzahl Spalte ggf. Zeile]

Aristoteles (1995a), Metaphysik, in: Aristoteles, Philosophische Schriften, Bd. 5, Darmstadt 2003. [Zitiert wird auch nach der Bekker-Zählung: Seitenzahl Spalte ggf. Zeile]

Aristoteles (1995b), Physik. Vorlesung über die Natur, in: Aristoteles, Philosophische Schriften, Bd. 6, Darmstadt 2003, S. 1-258. [Zitiert wird auch nach der Bekker-Zählung: Seitenzahl Spalte ggf. Zeile]

Asimov, Issac (1990), »Mein Roboter. Essay«, in: Bastei Band 21 210, Robotervisionen, Bergisch-Gladbach 1994.

Bacon, Francis (1620), Neues Organon. Lateinisch-deutsch, hrsg. von Wolfgang Krohn. Hamburg 1990.

Baird, Davis (2004), Thing Knowledge, Berkeley.

Barthes, Roland (1964), Mythen des Alltags, Frankfurt/M.
Baudrillard, Jean (1991), »Der Golfkrieg fand nicht statt«, in: ders., Amerika, Berlin.
Baudrillard, Jean/Böhringer, Hannes/Flusser, Vilém/von Foerster, Heinz/ Kittler, Friedrich/Weibel, Peter (1989), Philosophien der neuen Technologien, Berlin.
Beck, Ulrich/Giddens, Anthony/Lash, Scott (2003), Reflexive Modernisierung: Eine Kontroverse, Frankfurt/M.
Benjamin, Marina (2003), Rocket dreams: how the space age shaped our vision of a world beyond, New York.
Benjamin, Walter (1936), Das Kunstwerk im Zeitalter seiner technischen Reproduzierbarkeit und weitere Dokumente, Frankfurt/M., 2007.
Bensaude-Vincent, Bernadette (2007), »Reconfiguring Nature through Synthesis. From Plastics to Biomimetics«, in: Bernadette Bensaude-Vincent/Newman, William R. (Hrsg.), The Artificial and the Natural. An Evolving Polarity, Cambridge, S. 293-312.
Bijker, Wiebe/Pinch, Trevor (1987), »The Social Construction of Facts and Artefacts: Or How the Sociology of Science and the Sociology of Technology Might Benefit Each Other«, in: W. Bijker/Hughes, Thomas/ Pinch, T. (Hrsg.), The Social Construction of Technological Systems, Cambridge 1993, S. 17-51.
Binnig, Gerd (2004), Vorwort, in: Niels Boeing, Nano?! Die Technik des 21. Jahrhunderts, Berlin, S. 7-9.
Bloch, Ernst (1973), Das Prinzip Hoffnung, Frankfurt/M.
Böhme, Gernot (1993), Am Ende des Baconischen Zeitalters, Frankfurt/M.
Böhme, Gernot (2008), Invasive Technisierung. Technikphilosophie und Technikkritik, Kusterdingen.
Brecht, Bertolt (1967), Gesammelte Werke, Band 10, Frankfurt/M.
Brooke, John Hendley (2007), »Overtaking Nature? The Changing Scope of Organic Chemistry in the 19th Century«, in: Bernadette Bensaude-Vincent/Newman, William R. (Hrsg.), The Artificial and the Natural. An Evolving Polarity, Cambridge, S. 275-292.
Bucciarelli, Louis L. (1994), Designing Engineers, Cambridge.
Bucciarelli, Louis L. (2003), Engineering Philosophy, Delft.
Busch, Werner (1986), Joseph Wright of Derby. Das Experiment mit der Luftpumpe, Frankfurt/M.

Cassirer, Ernst (1930), »Form und Technik«, in: ders., Symbol, Technik, Sprache, Hamburg 1985, S. 39-92.

Collins, Harry/Pinch, Trevor (1998), Der Golem der Technologie. Wie die Wissenschaft unsere Wirklichkeit konstruiert, Berlin, 2000.

Crosby, Alfred W. (2002), Throwing fire: projectile technology through history, Cambridge.

Daston, Lorraine/Galison, Peter (2007), Objektivität, Frankfurt/M.

Descartes, René (1632), Ueber den Menschen, Heidelberg 1969.

Descartes, René (1648), Beschreibung des menschlichen Körpers, Heidelberg 1969.

Dessauer, Friedrich (1956), Streit um die Technik, Frankfurt/M.

Dobres, Marcia-Anne (2000), Technology and Social Agency: Outlining a Practice Framework for Archaeology, Oxford & Malden. [Übersetzung von A.N.]

Edwards, Paul (Hrsg.) (1967), The Encyclopedia of Philosophy, New York, London.

Engels, Friedrich (1872), »Von der Autorität«, in: Marx-Engels Werke, Bd. 18, Berlin 1962, S. 306-307.

Europäische Kommission (2000), Mitteilung der Kommission vom 2. Februar 2000 zur Anwendbarkeit des Vorsorgeprinzips, Brüssel, http://europa.eu.int/eur-lex/lex/LexUriServ/site/de/com/2000/com2000_0001de01.pdf. [zuletzt besucht am 6.9.2008]

Feenberg, Andrew (2002), Transforming Technology. A Critical Theory Revisited, Oxford.

Felt, Ulrike (2007) (Berichterstatterin), Taking European Knowledge Society Seriously, Brüssel, http://ec.europa.eu/research/science-society/document_library/pdf_06/european-knowledge-society_en.pdf. [zuletzt besucht am 6.9.2008]

Ferguson, Eugene S. (1992), Das innere Auge. Von der Kunst des Ingenieurs, Basel.

Ferrari, Arianna (2008), Genmaus & Co. Gentechnisch veränderte Tiere in der Biomedizin, Erlangen.

Fisher, Elizabeth/Jones, Judith S./von Schomberg, René (2006), Implementing the Precautionary Principle: Perspectives and Prospects, Cheltenham.

Forman, Paul (2007), »The Primacy of Science in Modernity, of Technology in Postmodernity, and of Ideology in the History of Technology«, in: History and Technology, Bd. 23, Nr. 1/2, S. 1-152.

Foucault, Michel (1974), Die Ordnung der Dinge, Frankfurt/M.

Freeth, Tony et al. (2006), »Decoding the ancient Greek astronomical calculator known as the Antikythera Mechanism«, in: Nature 444, S. 587-591.

Freud, Sigmund (1919) »Das Unheimliche«, in: ders., Psychologische Schriften, Frankfurt/M. [7]1989, S. 243-274.

Frisch, Max (1957), Homo faber. Ein Bericht, Frankfurt/M. 1977.

Galison, Peter (1988), »History, Philosophy, and the Central Metaphor«, in: Science in Context, 2:1/1988, S. 197-212.

Galison, Peter (1997), »Material Culture, Theoretical Culture and Delocalization«, in: Krige, John/Pestre, Dominique (Hrsg.), Science in the Twentieth Century, Amsterdam, S. 669-682.

Galison, Peter (2000), Image and logic: a material culture of microphysics, Chicago.

Gamm, Gerhard (2000), Nicht Nichts, Frankfurt/M.

Gamm, Gerhard/Hetzel, Andreas (Hrsg.) (2005), Unbestimmtheitssignaturen der Technik, Bielefeld.

Gee, David/Greenberg, Morris (2002), »Asbestos: from ›magic‹ to malevolent mineral«, in: Harremoes, P./ Gee, D./MacGarvin, M./Stirling, A./ Keys, J./Wynne, B./Guedes Vaz, S. (Hrsg.), The Precautionary Principle in the 20th century: Late Lessons from early warnings, London, S. 49-63.

Gehlen, Arnold (1965), »Anthropologische Ansicht der Technik«, in: Hans Freyer/Papalekas, Johannes /Weippert, Georg (Hrsg.), Technik im technischen Zeitalter. Stellungnahmen zur geschichtlichen Situation, Düsseldorf, S. 101-118.

Gehring, Petra (2004), Foucault. Die Philosophie im Archiv, Frankfurt/M.

Gero, Joan (1993), »The Social World of Prehistoric Facts: Gender and Power in Paleoindian Research«, in: du Cros, Hilary/Smith, Laurajan (Hrsg.), Women in Archaeology. Occasional Papers in Prehistory No. 23, Canberra. [Übersetzung von A.N.]

Groß, Matthias/Hoffmann-Riem, Holger/Krohn, Wolfgang (2005), Realexperimente: Ökologische Gestaltungsprozesse in der Wissensgesellschaft, Bielefeld.

Grunwald, Armin/Julliard, Yannick (2005), »Technik als Reflexionsbegriff. Zur semantischen Struktur des Redens über Technik«, in: Philosophia naturalis, Heft 1/2005, S. 127-157.
Habermas, Jürgen (1968), Technik und Wissenschaft als »Ideologie«, Frankfurt/M. [11]1991.
Hacking, Ian (1996), Einführung in die Philosophie der Naturwissenschaften, Stuttgart.
Hamilton, Kelly (2001), »Wittgenstein and the Mind's Eye«, in: James C. Klagge (Hrsg.), Wittgenstein: Biography and Philosophy, Cambridge, S. 53-97.
Haraway, Donna (1997), Modest.Witness@Second.Millenium, New York.
Hård, Mikael/Jamison, Andrew (2005), Hubris and hybrids: a cultural history of technology and science, New York. [Übersetzung von A.N.]
Harremoes, Poul et al. (Hrsg.) (2002), The Precautionary Principle in the 20th Century Late Lessons from Early Warning, London, Sterling VA.
Häußling, Roger (1998), Die Technologisierung der Gesellschaft. Eine sozialtheoretische Studie zum Paradigmenwechsel von Technik und Lebenswirklichkeit, Würzburg.
Heidegger, Martin (1954), Vorträge und Aufsätze, Stuttgart [7]1994.
Heidegger, Martin (1954a), »Die Frage nach der Technik«, in: ders. , Vorträge und Aufsätze, Stuttgart [7]1994, S. 5-36.
Heidegger, Martin (1954b), »Das Ding«, in: ders. , Vorträge und Aufsätze, Stuttgart [7]1994, S. 165-188.
Heidegger, Martin (1954c), »Wissenschaft und Besinnung«, in: ders., Vorträge und Aufsätze, Stuttgart [7]1994, S. 37-66.
Heidelberger, Michael (1998), »Die Erweiterung der Wirklichkeit im Experiment«, in: ders./Friedrich Steinle (Hrsg.), Experimental Essays. Versuche zum Experiment, Baden-Baden, S. 71-92.
HLEG (High Level Expert Group »Foresighting the New Technology Wave«) (2004). Converging Technologies – Shaping the Future of European Societies, Luxemburg, ftp://ftp.cordis.lu/pub/foresight/docs/ntw_report_nordmann_final_en.pdf. [zuletzt besucht am 6.9.2008]
Horkheimer, Max/Adorno, Theodor W. (1969), Dialektik der Aufklärung. Philosophische Fragmente, Frankfurt/M. [17]2008.
Hubig, Christoph (2004), »Technik als Mittel und als Medium«, in: Nicole C. Karafyllis/Tilmann Jaar (Hrsg.), Technikphilosophie im Aufbruch. Festschrift für Günter Ropohl, Berlin, S. 95-109.

Hubig, Christoph (2006), Die Kunst des Möglichen I. Technikphilosophie als Reflexion der Medialität, Bielefeld.

Hughes, Thomas P. (1993), Networks of Power. Electrification in Western Society 1880-1930, Baltimore.

Hughes, Thomas P. (2004), Human-Built World. How to Think about Technology and Culture, Chicago, London.

Janich, Peter (1993), Erkennen als Handeln. Von der konstruktiven Wissenschaftstheorie zur Erkenntnistheorie, Erlangen.

Janich, Peter (1998), »Was macht experimentelle Resultate empiriehaltig? Die methodisch-kulturalistische Theorie des Experiments«, in: Michael Heidelberger/Friedrich Steinle (Hrsg.), Experimental Essays. Versuche zum Experiment, Baden-Baden, S. 93-112.

Jasanoff, Sheila (2002), »Citizens at Risk: Cultures of Modernity in Europe and the U.S.«, in: Science as Culture, Volume 11/3, S. 363-380.

Jasanoff, Sheila (2005), Designs on Nature: Science and Democracy in Europe and the United States, Princeton.

Jentsch, Ernst (1906), »Zur Psychologie des Unheimlichen«, in: Psychiatrisch-neurologische Wochenschrift, Ausg. 8/1906, S. 195-205.

Johnson, Ann (2005), »Ethics and the epistemology of engineering: the case of nanotechnology«, Vortrag auf der NanoEthics Conference, 2.-5. März, Columbia SC, USA.

Johnson, Ann (2009), Hitting the Brakes. Engineering Design and the Production of Knowledge, Durham.

Jonas, Friedrich (1965), »Technik als Ideologie«, in: Hans Freyer, Johannes Papalekas und Georg Weippert (Hrsg.), Technik im technischen Zeitalter. Stellungnahmen zur geschichtlichen Situation, Düsseldorf, S. 119-136.

Kaminski, Andreas (2004), »Technik als Erwartung«, in: Dialektik, Heft 2/2004, S. 137-150.

Kant, Immanuel (1790), Kritik der Urteilskraft, Frankfurt am Main, 1977.

Kant, Immanuel (1800), »Logik. Ein Handbuch zu Vorlesungen«, in: ders., Schriften zur Metaphysik und Logik 2, hrsg. von Wilhelm Weischedel, Bd. 6, Frankfurt 1977. [Zitiert nach der Seitenzahl der als »A« gekennzeichneten Erstausgabe]

Kapp, Ernst (1877), Grundlinien einer Philosophie der Technik, Düsseldorf 1978.

Karafyllis, Nicole (2004) »Natur als Gegentechnik«, in: Nicole C. Karafyllis, Tilmann Jaar (Hrsg.), Technikphilosophie im Aufbruch. Festschrift für Günter Ropohl, Berlin, S. 73-91.

Kiernan, Doris (1978), Existentiale Themen bei Max Frisch. Die Existentialphilosophie Martin Heideggers in den Romanen Stiller, Homo Faber und Mein Name sei Gantenbein, Berlin/New York.

Kline, Stephen J. (1985), »What is Technology«, in: Robert C. Scharff und Val Dusek (Hrsg.), Philosophy of Technology. The Technological Condition, Malden, Oxford 2003, S. 210-212.

Kluge, Alexander (1984), Die Macht der Gefühle, Frankfurt/M.

Kluge, Alexander (2000), Chronik der Gefühle, Frankfurt/M.

Kluge, Alexander/Negt, Oskar (1981), Geschichte und Eigensinn, Frankfurt/M. [9]1987.

Kornwachs, Klaus (2004), »Technik wissen: Präliminarien zu einer Theorie technischen Wissens« in: Nicole C. Karafyllis, Tilmann Jaar (Hrsg.), Technikphilosophie im Aufbruch. Festschrift für Günter Ropohl, Berlin, S. 197-210.

Koyré, Alexandre (1969), Von der geschlossenen Welt zum unendlichen Universum, Frankfurt/M.

Kuhns, Richard (1967), »Art and Machine«, in: The Journal of Aesthetics and Art Criticism, Band 25: 3, S. 259-266.

Landkammer, Joachim (2015) »Die Schönheit des Kaputten: Technisches Versagen als Versprechen«, Vortrag beim IX. Kongress der Deutschen Gesellschaft für Ästhetik.

Latour, Bruno (1995), Wir sind nie modern gewesen. Versuch einer symmetrischen Anthropologie, Berlin.

Latour, Bruno (1996), Der Berliner Schlüssel: Erkundungen eines Liebhabers der Wissenschaften, Berlin.

Latour, Bruno (2001), Das Parlament der Dinge. Naturpolitik, Frankfurt/M.

Latour, Bruno (2004), »Ein Experiment von und mit uns allen«, in: Gerhard Gamm, Andreas Hetzel und Markus Lilienthal (Hrsg.), Die Gesellschaft im 21. Jahrhundert, Frankfurt/M., S. 185-195.

Lichtenberg, Georg Christoph (1968), Schriften und Briefe Band 1: Sudelbücher I, München [2]1973. [Zitiert wird die Nummer der Bemerkung]

Lichtenberg, Georg Christoph (1972), Schriften und Briefe Band 3: Aufsätze, Darmstadt.

Luckner, Andreas (2008), Heidegger und das Denken der Technik, Bielefeld.

Maines, Rachel (2009), Hedonizing technologies: paths to pleasure in hobbies and leisure, Baltimore.

Malinowski, Bronislaw (1948), Magie, Wissenschaft und Religion. Und andere Schriften, Frankfurt/M. 1973.

Marcuse, Herbert (1965), »Industrialisierung und Kapitalismus im Werk Max Webers«, in: Otto Stammer (Hrsg.), Max Weber und die Soziologie heute. Verhandlungen des 15. deutschen Soziologentages. Tübingen, S. 161-180.

Marcuse, Herbert (1967), Der eindimensionale Mensch. Studien zur Ideologie der fortgeschrittenen Industriegesellschaft, Frankfurt/M. 1989.

Marx, Karl/Engels, Friedrich (1845/1846), »Die deutsche Ideologie: Kritik der neuesten deutschen Philosophie in ihren Repräsentanten Feuerbach, B. Bauer und Stirner, und des deutschen Sozialismus in seinen verschiedenen Propheten«, in: Marx- Engels Werke, Bd. 3, Berlin 1969, S. 5-530.

Marx, Karl (1867), »Das Kapital. Kritik der politische Ökonomie«, in: Marx-Engels Werke, Bd. 23, Berlin 1962, S. 11-802.

Meikle, Jeffrey (1995), American Plastic. A Cultural History, New Brunswick.

Mersch, Dieter (2013), Medientheorien zur Einführung, Hamburg.

Mildenberger, Georg (2006), Wissen und Können im Spiegel gegenwärtiger Technikforschung, Berlin.

Mumford, Lewis (1977), Mythos der Maschine, Frankfurt/M.

Nordmann, Alfred (2008), »Technology Naturalized: A Challenge to Design for the Human Scale«, in: Pieter E. Vermaas, Peter Kroes, Andrew Light und Steven A. Moore (Hrsg.), Philosophy and Design: From Engineering to Architecture, Dordrecht, S. 173-184.

Nordmann, Alfred (2014), »Das Gefühl der Welt als begrenztes Ganzes: Sachlichkeit«, in Zeitschrift für Kulturphilosophie, Band 8:1, S. 89-99.

Nordmann, Alfred (2015), »Werkwissen oder How to express things in works«, in: Jahrbuch Technikphilosophie 2015, S. 81-89.

Nowotny, Helga/Scott, Peter/Gibbons, Michael (2004), Wissenschaft neu denken: Wissen und Öffentlichkeit in einem Zeitalter der Ungewissheit, Weilerswist.

Polanyi, Michael (1958), Personal Knowledge. Towards a Post-Critical Philosophy, Chicago.

Rasmussen, Nicolas (1997) Picture Control. The Electron Microscope and the Transformation of Biology in America, 1940-1960, Palo Alto.

Reuleaux, Franz (1875), Theoretische Kinematik. Grundzüge einer Theorie des Maschinenwesens, Braunschweig.

Ritter, Joachim (Hrsg.) (2007), Historisches Wörterbuch der Philosophie, Darmstadt 1971-2007.

Ropohl, Günter (1979), Eine Systemtheorie der Technik: Zur Grundlegung der allgemeinen Technologie, München.

Ropohl, Günter (1991), Technologische Aufklärung: Beiträge zur Technikphilosophie, Frankfurt/M. [2]1999.

Schäfer, Lothar (1993), Das Bacon-Projekt: von der Erkenntnis, Nutzung und Schonung der Natur, Frankfurt/M. [2]1999.

Schiefsky, Mark J. (2007), »Art and Nature in Ancient Mechanics«, in: Bernadette Bensaude-Vincent und William R. Newman (Hrsg.), The Artificial and the Natural. An Evolving Polarity, Cambridge, S. 67-108.

Schiemann, Gregor (2005), Natur, Technik, Geist: Kontexte der Natur nach Aristoteles und Descartes in lebensweltlicher und subjektiver Erfahrung, Berlin.

Schmidt, Heinrich (1969), Philosophisches Wörterbuch, Stuttgart.

Shapin, Steven/Schaffer, Simon (1985), Leviathan and the Air-Pump: Hobbes, Boyle, and the experimental life, Berkeley.

Shelley, Percy Bysshe (1818/19), Der entfesselte Prometheus, Leipzig um 1892.

Simondon, Gilbert (2012a), Die Existenzweise technischer Objekte, Zürich.

Simondon, Gilbert (2012b) »On Techno-Aesthetics«, in Parrhesia, Nummer 14, S. 1-8. [aus einem nie versandten Brief Simondons an Jacques Derrida; weil das französische Original unzugänglich ist, hier aus der englischen Übersetzung übersetzt]

Smith, Pamela (2004), The Body of the Artisan. Art and Experience in the Scientific Revolution, Chicago.

Vaughan, Diane (1996), The Challenger Launch Decision. Risky Technology, Culture and Deviance at NASA, Chicago.

VDI (2002), Ethische Grundsätze des Ingenieurberufs, Düsseldorf. http://www.vdi.de/fileadmin/media/content/hg/16.pdf. [zuletzt besucht am 6.9.2008]

Vincenti, Walter G. (1993), What Engineers Know and How They Know It. Analytical Studies from Aeronautical History, Baltimore.

Virilio, Paul (1993), Revolutionen der Geschwindigkeit, Berlin.

Weber, Max (1922), Wissenschaft als Beruf, in: ders., Soziologie, weltgeschichtliche Analyse, Politik, Stuttgart 1964.

Werrett, Simon (2010), Fireworks: pyrotechnic arts and sciences in European history, Chicago.

White, Hayden (2008), Metahistory. Die historische Einbildungskraft im 19. Jahrhundert in Europa, Frankfurt/M.

Winner, Langdon (1986), The Whale and the Reactor: A Search for Limits in an Age of High Technology, Chicago. [Übersetzung von A.N.]

Winner, Langdon (1993), »Upon Opening the Black Box and Finding it Empty: Social Constructivism and the Philosophy of Technology«, in: Robert C. Scharff und Val Dusek (Hrsg.), Philosophy of Technology. The Technological Condition, Malden, Oxford, 2003, S. 233-243. [Übersetzung von A.N.]

Wittgenstein, Ludwig (1922), Tractatus Logico-Philosophicus. Werkausgabe Band 1, Frankfurt/M., 1984.

Verbeek, Peter-Paul (2005), What Things Do. Philosophical Reflections on Technology, Agency, and Design, Philadelphia.

Wittgenstein, Ludwig (1953), Philosophische Untersuchungen: kritisch-genetische Ausgabe, Frankfurt/M. 2001. [Zitiert wird die Nummer der Bemerkung]

Wolff, Francis (2007), »The Three Pleasures of Mimesis According to Aristotle's Poetics«, in: Bernadette Bensaude-Vincent und William R. Newman (Hrsg.), The Artificial and the Natural. An Evolving Polarity, Cambridge, S. 51-66.

Alfred Nordmann ist Professor für Wissenschaftsphilosophie an der Technischen Universität Darmstadt und regelmäßiger Gastprofessor an der University of South Carolina. Nach Magister und Promotion in Hamburg (1981 und 1986) gilt sein Interesse vor allem der Herausbildung spezifischer Wissens- und Objektivitätsbegriffe in der Elektrizitätstheorie und Chemie des 18. Jahrhunderts, der Evolutionsbiologie und Soziologie des 19. Jahrhunderts, der Pflegewissenschaft, Nanoforschung und »converging technologies« des 20. und 21. Jahrhunderts. In den letzten Jahren bildete sich das Projekt einer Philosophie der Technowissenschaft heraus, in dem es um die Kontrastierung technowissenschaftlicher Verfahren mit dem überlieferten Methodenkanon der Wissenschaftstheorie geht. Dabei verfolgt Nordmann insbesondere die erkenntniskritische Traditionslinie, die von Immanuel Kant über Heinrich Hertz zu Ludwig Wittgenstein und heutigen Analysen wissenschaftlicher Modelle, Bildgebungsverfahren und Simulationen führt. Veröffentlichungen u.a.: Wittgenstein's Tractatus. An introduction (2005); (Hg. mit Michael Friedman), The Kantian Legacy in Nineteenth-Century Science (2006); (Hg. mit Gerhard Gamm und Eva Schürmann), Philosophie im Spiegel der Literatur. Zehn selbstkritische Lektüren (2007); (Hg. mit Astrid Schwarz), Das bunte Gewand der Theorie. 14 Begegnungen mit philosophierenden Forschern (2009); (Hg. mit Hans Radder und Gregor Schiemann), Strukturwandel der Wissenschaft. Positionen zum Epochenbruch (2014).